Claire時尚造型烘焙

零基礎也能輕鬆上手的
60款造型甜點

Claire——著

作者序 ————————

在網路上創作了蠻長的一段時間，很榮幸獲得台灣東販的青睞，
而有了這一本食譜書的誕生。

當初與我的編輯琪潔討論本書的主題與方向，她很明確的建議我
可以做可愛造型烘焙時，我臉上的表情應該就0A0～因為這輩子我
都沒想過自己有一天會跟「萌」、「可愛」這些字詞沾上邊！？
再者，吾兒們都來到很有主見、誘之以萌亦未能撼之的年齡，玩
造型烘焙多半是為了自得其樂，完全想不到有天居然還能出書！

當我還沉浸於「哇！我居然要出書了」的驚喜中，收到編輯的溫
馨提醒：那些屬於可愛動物區的貓狗熊兔或是二次元動漫人物
之類的都有版權，書裡收錄的食譜必須排除這些眾所周知的造
型——啊～也太難了吧！我還沒準備好任務升級耶？我真的能做
出那麼多原創的萌系造型？心中的自我懷疑，信馬游韁地發散到
了不可收拾的地步。

不過每當我將腦海中的有趣想法給實體化，心裡就充盈著成就解
鎖的喜悅，儘管日常工作累到靈魂登出，下班後休假時依然滿懷
熱情去製作與拍攝，拍著拍著一邊被自己的成品給萌到了，一邊
腦補著讀者們發自內心說出「超有梗的啦」、「超卡哇伊」的畫
面，嘴角失守嘿嘿嘿的樂在其中。

在撰寫食譜時我給自己訂下指引：要儘量簡單化、趣味化、不用高深技術，只靠幾種基本模具就能做出來，材料也要容易取得、最好是超市就能買到的。我希望在這本書的陪伴下，烘焙小白也能快速離開新手村，輕鬆作出各式萌系餐點。

對我而言，在各種平台發文一直是為分享自學烘焙與料理的心得，因為吸取資深烘友們發在網路上的經驗，也想反饋自己的實驗結果與大家交流，希望在前人種樹後人乘涼的正向循環中盡一份小小心力。

感謝我的讀者們，世界那麼大，茫茫網海間，不管是不是演算法的推薦，芸芸創作者中你們終究是看到了我、給我回饋，我們互相開心地汲取進步的能量，這是多麼美好的緣份，更是給創作者最棒的鼓勵啊！感謝擔任試吃大隊的親愛家人們、朋友同事們，感謝成就本書的所有人，謝謝你們～

現在就跟著老C一起耍萌吧！

Claire

Contents 目錄

Chapter 3 佛卡夏

Chapter 4 免模具餅乾

Chapter 5　布朗尼&馬芬

Chapter 6　起司蛋糕&免烤甜點

Chapter 7　鹹食小點

Chapter 1

Basic

基本教學

關於工具

　　我是個崇尚極簡風的人，因此在烘焙上，我希望道具、工具買的越少越好，儘量都是通用的。只要準備以下的工具，就可以完成書中的所有食譜喔～

烤箱

現在很多設備都可兼代烤箱的部分功能，譬如氣炸鍋、水波爐等等，甚至電子鍋都可以做蛋糕，只要你喜歡沒有什麼不可以；不過當製作需要控溫精準的糕點或是大體積的麵包時，能分開控制上下火的大烤箱還是比較適合的。

麵包機

做烘焙這麼久我一直沒有購置桌上型攪拌機，都是用家庭用麵包機的攪拌功能取代，而且麵包機也有保溫發酵的功能，可以充當發酵箱；缺點就是容量的限制，無法一次做大量的麵包，超過300g以上麵粉用量的食譜就要分次製作。

模具

初學者我建議入手3種模具：正方形金屬烤模、長方形金屬蛋糕模以及6連小蛋糕金屬烤模。這3種不論做麵包、吐司、蛋糕都很適合，做免烤點心也可以，可說是最百搭最萬用的模具；像瑪德蓮之類的特殊烤模，可以之後看個人喜歡再考慮入手。

矽膠烤焙墊

餅乾類的點心放在矽膠墊上烘烤會得到烤色很美的底部，也更容易烤透，我也常拿它當作糕點麵包整形用的底板，非常建議入手一個品質好、透氣度佳、材質比較沒有疑慮的矽膠烤焙墊，或許單價稍高，但長期使用成本攤算起來其實不貴。

刮刀與打蛋器

本書中除了麵包類，大部分的攪拌、混合步驟都可以用刮刀完成，因為多數只是打發奶油，沒有像海綿蛋糕、戚風蛋

糕類真的需要打發蛋液。當然也可以用
打蛋器，只是我覺得用刮刀更順手。刮
刀最好選擇一體成形的，因為用久了很
容易從連接處斷開。

不鏽鋼調理盆

用來混合、攪拌材料，最好是大小各準
備兩個。底部若沒有止滑設計也無妨，
使用時墊一塊濕布在鋼盆下就好。

電子秤

以最小單位g為佳，能正確測出各種材
料的份量，也最好選擇可以歸零扣重的
功能。

篩網

最好是有把手的，整體都是金屬為佳，
可以用來準備工作時過篩麵粉及過濾麵
糊，如乳酪麵糊。

散熱架

用來放置剛出爐的麵包與糕點，讓熱氣

快速排出，幫助定型。

量杯與量匙

量杯是用來盛放液體材料，因為有注口
使用上更方便，最好選擇耐熱且可以微
波的。量匙是用來量取小份量的材料如
泡打粉，還有酵母粉專用的量匙，對製
作小份量的麵包麵團非常實用。

桿麵棍與刮板

桿麵棍可以選擇基本木頭款或是表面有
小顆粒凸起，幫助排氣的款式。刮板用
來幫助麵團整形切割。

鋼針溫度計

可以精確測量麵包與蛋糕的中心溫度，
幫助判斷是否發酵完成或者是否烤好。

基本材料 ——————

首先提醒大家，新手要邁向成功的第一步就是材料用量準確，因此請務必確實秤重！

麵粉

麵包類用的是高筋麵粉或特高筋麵粉，餅乾糕點類則是用低筋麵粉。不同品牌麵粉的吸水性不同，製作麵包時可先預留出食譜上10g的水量，視麵團情況邊攪拌邊分次加入。

蓬萊米粉

一般用來做糕點麵包類的米粉是蓬萊米粉，烘焙材料用品店都可找到。麵包類如果加入8～10%左右的蓬萊米粉可以增加麵包的柔軟度與化口性，也可以用來製作餅乾類，口感不輸給低筋麵粉做的餅乾喔～

杏仁粉

這裡是指烘焙用的杏仁粉，不是沖泡的那種。製作餅乾時我喜歡混合帶堅果香氣的杏仁粉，使成品的風味更提升一個層次。

酵母粉

本書是使用速發乾酵母，英文可能叫Instant Dry Yeast、Instant Yeast、Quick-Rise Yeast、Rapid-Rise Yeast，都是同一種東西，用任何喜歡的品牌都可以，只是使用前一定要詳閱包裝說明，看清楚麵粉與酵母的建議使用比例。

雞蛋

雞蛋的作用是乳化、增添水份，以及打發時可以讓麵糊膨脹，也可以塗在麵包或餅乾表面增色增香。

一個雞蛋帶殼重量約55～60g。使用時請先把蛋打入另外的小碗，打散成蛋液後再加入其他材料進行製作，避免當蛋不新鮮時整碗材料都報廢。

食譜若沒有特別註明，材料上的「蛋」皆指必須回溫到室溫的全蛋液，「冷

蛋」則指從冰箱取出、不需回溫直接加入材料的全蛋液。如只用到蛋白或蛋黃，也會在食譜中詳細說明。

油脂

分為動物性油脂，如奶油，以及植物性油脂，如液狀的橄欖油、玄米油、葡萄籽油等等。當食譜中油類的比例佔很重，像是有的餅乾食譜，奶油佔了總食材重量的1/4，建議選擇高品質的奶油，對成品香氣與味道將有顯著的影響。而液體油我通常選用味道淡雅中性的葡萄籽油或玄米油，除非是為了取橄欖油的味道當作特色的糕點，像佛卡夏或是橄欖油蛋糕。

糖

如果希望成品顏色不受糖色的影響，那就選用白糖（也就是細砂糖），不然用砂糖、二砂糖或是三溫糖都可以。三溫糖味道比較溫和不死甜，含有轉化糖讓糕點有良好的濕潤度；用黑糖的話，糕

點顏色會稍深。

不管是用哪一種糖，如果家裡有調理機，都建議先打成糖粉，混入材料時會更均勻也更容易溶解，若想保留糖的顆粒感也OK，就是餅乾類吃起來比較有沙沙的口感。

材料上的「砂糖粉」皆指用調理機把砂糖打成粉狀的砂糖粉，「糖粉」則是把白糖打成粉狀的糖粉，「防潮糖粉」則是超市可以買到、加入玉米粉防潮用的糖粉。

鹽

製作麵包時，鹽雖然用量很少但是一項不可缺少的材料，因為可以幫助生成麵筋。做糕點類時鹽也可以達到提味的功效。

液體類：水、優格、鮮奶、豆漿

這幾樣都是製作麵包時會加入的液體，但彼此不能等量替換，因為每種材料的含水量不同。這四種食材中，優格的含

水量最低，所以麵包食譜中通常都會優格+牛奶，或是優格+水一起製作。

我很喜歡用優格，它不僅提供麵團所需的水分，更是酸性材料能幫助發酵，做出來的麵包蓬鬆又柔軟，需要特別注意的是，希臘式優格跟普通的無糖優格不一樣，含水量更低。

食譜若沒有特別註明，材料上的「水」皆指室溫的水，「冷開水」指20℃的飲用水。

奶粉與煉乳

這兩項都是濃縮的乳製品，可以增加乳香味。低脂或全脂奶粉都可以看你喜歡，全脂奶粉香氣足，而煉乳還含有糖份，會增添烤色與保濕。

必買的好用裝飾小物

1.巧克力豆：白巧克力豆或黑巧克力豆都好用，可以直接拿來做眼珠，或融化後用來畫表情，讓糕點一秒變可愛。

2.眼睛糖珠：不會用巧克力畫五官沒關係，這個糖珠一放上去馬上變生動活潑，可萌可呆隨便你～

3.字母餅乾：這個也是超好用小物，直接放蛋糕上或是擺在旁邊都好，很有漫畫風！

開始製作麵包前的說明

本書麵包食譜的重點：
1.使用麵包機攪拌　2.冷藏發酵的作法　3.小份量適合新手練習

　　曾經我以為此生永遠都是麵包苦手了，那時就算家裡有台麵包機，我也常常作出失敗的麵包（羞），搞得我見笑轉生氣，直接把麵包機打入冷宮。後來採用麵包機攪拌＋冷藏發酵，完全是懶人作法又容易上手，重啟了我的麵包人生，所以在這裡告訴大家，只要找對方法你也一定學得會！

麵包製作流程圖
製作麵包時都是依照下面的流程來完成，共有7個步驟，詳細的解說將在P.16～31基礎麵包麵團作法中仔細說明。

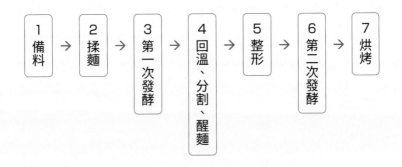

家庭製作麵包常見問題

1.真的不用手揉麵團嗎？

不用，因為有麵包機代勞，不需要會揉出「手套膜」這種高大上的技術，只要利用冷藏發酵，也可以做出好吃濕潤又有彈性的麵包。

2.冷藏發酵是什麼？

在冰箱冷藏的低溫下緩慢進行發酵的過程，藉由長時間的小麥麵粉中的蛋白質水解作用也就是水合法，不須揉捏麵團也能自行產生麵筋。

3.冷藏發酵需要多少時間？

要看所使用的酵母粉量。本書中都是用速發乾酵母，在室溫發酵時，一般建議用量是麵粉總重的1～2%，如果改成在冰箱的冷藏發酵，建議是8～12小時。如果想要延長至24小時，就要減少酵母粉用量到0.8～1%。

4.如何判斷發酵是否完成？

（1）**按壓法**：目測是否有發酵到2倍大，而且手指按壓下去麵團沒有回彈。

（2）**整體標記法**：將整個麵團放入透明容器中，用橡皮筋束在外面做記號，等麵團長大到記號處高度的2倍時（如8cm變到16cm），表示發酵完成。

（3）**部分標記法**：麵團中捏一球小麵團另外放入透明小杯中，用橡皮筋做記號，跟麵團一起發酵，等小麵團長大到2倍高就表示主麵團發酵完成。

5.冷藏發酵完成的麵團要回溫才能繼續下一步嗎？

要回溫至17℃。如果從冰箱拿出來就直接進行整形，麵團容易損傷導致麵包口感不佳。

6.麵包有兩次發酵步驟，為什麼有的食譜是在一次發酵時進行冷藏發酵，有的食譜卻是在二次發酵時？

本書食譜多是以可愛造型為主，在一次發酵完成後開始做造型，若是希望麵包的外型比例保持良好，建議冷藏發酵在

一次發酵時進行，二次發酵則是用室溫發酵，這樣隨時可以查看發酵狀況，避免過度發酵造成外型變形；而像佛卡夏類沒有整形的問題，選擇一次發酵或是二次發酵時冷藏發酵都可以。

7.請建議麵包的烤溫？

一般來說，我會採用高溫短時的方式來進行，因為在烤箱內越久就越容易損失水分，麵包容易乾粗。以190度為基準，視麵包種類調整，像佛卡夏或歐包這種糖很少的，可以飆到200～220度去烤。

油糖分比例高的麵包或是因為造型顏色上的考慮，不想讓麵包上色，如想保持抹茶粉的翠綠，可以降低到180度加上蓋鋁箔紙。

8.如何判斷麵包是否烤好？

沒有完全烤透的麵包，出爐後容易塌陷變皺、吐司會凹陷歪腰。可以仔細觀察麵包與模具的交界處，如果麵包邊緣脫離模具且也上色了，那就表示差不多快烤好。

比較精準的方法就是用溫度計插入麵包中心去測量，完全熟透的麵包中心溫度是93℃以上。某些軟麵包類的可能到88～90℃就可以了，出爐後會微塌陷，但口感很軟且回烤後不輸剛出爐的口感。油糖蛋比例高的麵包，如布里歐修類的麵包，由於外表很容易上色，要注意避免外皮烤好但內部麵團還沒熟的狀況。

9.如何保存麵包？

當日沒有吃完的麵包建議馬上放進密封袋內冷凍保存，可以保存兩周，下次要吃的時候，從冷凍庫拿出來不必解凍，直接放電鍋外鍋加1/4～1/2杯水去蒸，就會解凍回復成柔軟麵包。若想吃到脆脆表皮可以再放進烤箱叮一下。若是用微波爐，從冷凍庫取出微波解凍，一樣再放進烤箱叮一下。

基礎麵包麵團

模具｜6連蛋糕模：底部直徑5cm

材 料 Ingredients

高筋麵粉⋯115g

蓬萊米粉⋯10g（可改用低筋麵粉）

酵母粉⋯1～2g（約是麵粉量的1～2%，請依個人使用的品牌作調整）

砂糖⋯12g

鹽⋯2g

牛奶⋯85g

煉乳⋯12g

無鹽奶油⋯16g

作 法 Methods

1-1 備料

乾溼料分開，量杯置於電子秤上歸零，液體類（如水、牛奶、豆漿、蛋、優格、煉乳等等）都放進量杯中，秤重後混合均勻；如果天氣炎熱可替換5～10g液體改加入冰塊或冰水，但液體總重量仍保持不變。

> Tips：如果材料中有蛋，建議先把蛋打入另一個碗再加入液體，避免蛋不新鮮時整鍋報廢。

1-2 投料

麵包機內鍋裝上攪拌葉片，置於電子秤上歸零，先放進粉類秤重，歸零，中央挖個凹槽放入酵母粉，再逐項放進其他乾性材料在凹槽周圍，秤重，最後才加入1-1液體類。

> Tips：先乾料後濕料比較不會飛粉弄髒機器內壁，請依各品牌麵包機使用方式來投放材料。

2-1 啟動行程

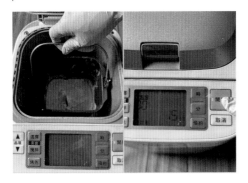

內鍋放回麵包機裡,選擇「烏龍麵團」的行程,按下「開始」鍵。

2-2 投入奶油

等麵團成型後(約5分鐘),投入切成小塊的奶油,繼續完成行程。

3 第一次發酵(冷藏發酵)

揉好的麵團整圓後放進密封盒中,用橡皮筋束在盒外做記號,送進冰箱冷藏發酵8～12小時,麵團大約會發酵至2倍大。

Tips:只要做好密封的動作,也可以直接將麵包機內鍋取出,用保鮮膜緊密包好,放進冰箱冷藏發酵。

4-1 回溫、分割

從冰箱取出冷藏發酵完成的麵團,待其回溫輕拍排氣,依各個食譜說明,分割成需要的份數。

Tips:麵團最好先秤總重再除以所需份數,算出每個小麵團的重量後,再進行分割秤重,這樣每個麵包的大小會比較一致。

4-2 醒麵

每個小麵團滾圓後蓋上濕布巾，靜置鬆弛
10〜15分鐘。

5 整形

依各個食譜的說明整形麵團，放入烤模中。

6 第二次發酵

依各個食譜的說明，發酵到1.5〜2倍大，
接近發酵完成時開始預熱烤箱。發酵完成，
裝飾後準備烘烤。

7 烘烤

烤箱預熱完成後，依食譜提供的參考時間進
行烘烤。

湯種麵包麵團

模具｜長方形磅蛋糕模：
長17×寬8×高6cm

材料 Ingredients —————

湯種
高筋麵粉…15g
水…75g

主麵團
湯種…40g（上面湯種所做出量的一半）
高筋麵粉…125g
酵母粉…1〜1.5g（約是高筋麵粉總量的1〜2%，請依個人使用的品牌作調整）
牛奶…60g
砂糖…12g
鹽…1g
無鹽奶油…10g

作法 Methods ────────

| 1-1 製作湯種

把湯種的材料倒進小鍋中,攪拌一下讓麵粉融化,開小火慢慢加熱成醬糊狀後,關火放涼。

| 1-2 乾溼料分開

量杯置於電子秤上歸零,液體類(如水、牛奶、豆漿、蛋、優格、煉乳等等)都放進量杯中,秤重後混合均勻;如果天氣炎熱可替換5～10g液體改加入冰塊或冰水,但液體總重量仍保持不變。

> Tips:如果材料中有蛋,建議先把蛋打入另一個碗再加入液體,避免蛋不新鮮時整鍋報廢。

| 1-3 投料

麵包機內鍋裝上攪拌葉片,置於電子秤上歸零,先放進粉類秤重,歸零,中央挖個凹槽放入酵母粉,再逐項放進其他乾性材料在凹槽周圍,秤重,最後才加入1-1湯種與1-2液體類。

> Tips:先乾料後濕料比較不會飛粉弄髒機器內壁,請依各品牌麵包機使用方式來投放材料。

| 2-1 啟動行程

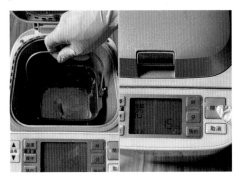

內鍋放回麵包機裡,選擇「烏龍麵團」的行程,按下「開始」鍵。

2-2 投入奶油

等麵團成型後（約5分鐘），投入切成小塊的奶油繼續完成行程。

3 第一次發酵（冷藏發酵）

揉好的麵團整圓後放進密封盒中，用橡皮筋束在盒外做記號，送進冰箱冷藏發酵8～12小時，麵團大約會發酵至2倍大。

> Tips：只要做好密封的動作，也可以直接將麵包機內鍋取出，用保鮮膜緊密包好。

4-1 回溫、分割

從冰箱取出冷藏發酵完成的麵團，待其回溫輕拍排氣，依各個食譜說明，分割成需要的份數。

> Tips：麵團最好先秤總重再除以所需份數，算出每個小麵團的重量後，再進行分割秤重，這樣每個麵包的大小會比較一致。

4-2 醒麵

每個小麵團滾圓後蓋上濕布巾，靜置鬆弛10～15分鐘。

| 5 整形

依各個食譜的說明整形麵團，放入烤模中。

| 6 第二次發酵

依各個食譜的說明，發酵到1.5～2倍大，
接近發酵完成時開始預熱烤箱。發酵完成，
裝飾後準備烘烤。

| 7 烘烤

烤箱預熱完成後，依食譜提供的參考時間進
行烘烤。

波蘭種麵包麵團

材 料 Ingredients ————————

波蘭種
高筋麵粉…50g
水…50g
酵母粉…1g

主麵團
波蘭種…100g
高筋麵粉…250g
酵母粉…1.5～2.5g（包含波蘭種的酵母粉量，約主麵團高筋麵粉量的
1～2%，請依個人使用的品牌作調整）
水…80g
牛奶…80g
砂糖…20g
鹽…3g
無鹽奶油…30g

作法 Methods ───────

1-1 製作波蘭種

將波蘭種所有材料攪拌均勻,在室溫下靜置
1小時,或是放進冰箱靜置8～12小時,等
待發酵。

> Tips：完成的波蘭種表面有小氣孔,內部也充
> 滿蜂巢似孔洞。

1-3 投料

麵包機內鍋裝上攪拌葉片,置於電子秤上歸
零,先放進主麵團材料中的粉類秤重,歸
零,中央挖個凹槽放入酵母粉,再逐項放進
主麵團的其他乾性材料在凹槽周圍,秤重,
最後才加入1-1波蘭種與1-2液體類。

> Tips：先乾料後濕料比較不會飛粉弄髒機器內
> 壁,請依各品牌麵包機使用方式來投放材料。

1-2 乾溼料分開

量杯置於電子秤上歸零,液體類(如水、牛
奶、豆漿、蛋、優格、煉乳等等)都放進量
杯中,秤重後混合均勻;如果天氣炎熱可替
換5～10g液體改加入冰塊或冰水,但液體
總重量仍保持不變。

> Tips：如果材料中有蛋,建議先把蛋打入另一
> 個碗再加入液體,避免蛋不新鮮時整鍋報廢。

2-1 啟動行程

內鍋放回麵包機裡,選擇「烏龍麵團」的行
程,按下「開始」鍵。

2-2 投入奶油

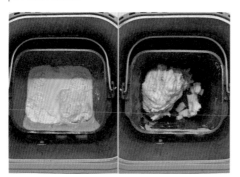

等麵團成型後（約5分鐘），投入切成小塊的奶油，繼續完成行程。

3 第一次發酵（冷藏發酵）

揉好的麵團整圓後放進密封盒中，用橡皮筋束在盒外做記號，送進冰箱冷藏發酵8～12小時，麵團大約會發酵至2倍大。

> Tips：只要做好密封的動作，也可以直接將麵包機內鍋取出，用保鮮膜緊密包好，放進冰箱冷藏發酵。

4-1 回溫、分割

從冰箱取出冷藏發酵完成的麵團，待其回溫輕拍排氣，依各個食譜說明，分割成需要的份數。

4-2 醒麵

每個小麵團滾圓後蓋上濕布巾，靜置鬆弛10～15分鐘。

> Tips：麵團最好先秤總重再除以所需份數，算出每個小麵團的重量後，再進行分割秤重，這樣每個麵包的大小會比較一致；如果數量比較多可以先均分成3大份，每一份再切3小份。

| 5 整形

依各個食譜的說明整形麵團，放入烤模中。

| 6 第二次發酵

依各個食譜的說明，發酵到1.5～2倍大，
接近發酵完成時開始預熱烤箱。發酵完成，
裝飾後準備烘烤。

| 7 烘烤

烤箱預熱完成後，依食譜提供的參考時間進
行烘烤。

基礎佛卡夏麵團

模具 | 方形烤模：18×18cm

材料 Ingredients ―――――――

高筋麵粉…250g

細砂糖…12g

鹽…5g

橄欖油…12g

水…200g（約為麵粉量的80%）

酵母粉…2.5g（約是麵粉量的1～2%，請依酵母外包裝上的使用說明來計算份量）

香料…適量（新鮮或乾燥都可）

裝飾

橄欖油…適量

粗海鹽…適量

| 1-1 備料

如果是用乾香料，可先泡在橄欖油中備用。

| 1-2 投料

麵包機內鍋裝上攪拌葉片，置於電子秤上歸零，先放進粉類秤重，歸零，中央挖個凹槽放入酵母粉，再逐項放進其他乾性材料在凹槽周圍，秤重，最後才加入1-1香料、油與液體類。

Tips：先乾料後濕料比較不會飛粉弄髒機器內壁，請依各品牌麵包機使用方式來投放材料。

作法 Methods ─────

| 2 揉麵

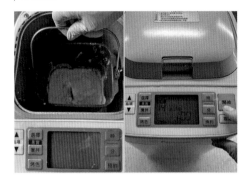

內鍋放回麵包機裡，選擇含有一次基礎發酵的行程，按下「開始」鍵。

| 3 第一次發酵

在麵包機內進行揉麵與完成第一次發酵。

Tips：如果是手工製作，請把麵粉等所有材料放進調理盆中，簡單喇一喇直到沒有乾粉，不須搓揉麵團，放在溫暖的地方靜置等待第一次發酵成2倍大，再進行後續步驟。

| 4 醒麵

輕拍基礎發酵完成的麵團排氣，烤盤底部鋪一層薄薄的橄欖油（材料中額外的量），把麵團放進烤盤中，整個麵團在油裡滾過一圈，讓外層都沾到油。

| 5 整形

用手拉伸麵團使其儘量符合烤盤形狀（感覺很像拉口香糖），密封烤盤，準備送入冰箱進行二次發酵。

| 6-1 第二次發酵

置入冰箱冷藏8〜12小時，麵團發酵至2倍大。

| 6-2 裝飾

發酵完成，先用手指在麵團表面戳幾個小洞，表面若有大氣泡可以弄破，這樣烤出來的表面比較平整，再塗上厚厚的橄欖油，灑上海鹽。

接著依各個食譜的說明做表面裝飾。

| 7 烘烤

烤箱預熱到最熱，等麵團回溫（或是麵團又明顯膨脹時）送進烤箱烘烤，以200〜210度烘烤25〜30分鐘左右，直到表皮呈金黃色且麵包邊緣離模。請依烤盤大小調整烘烤時間，烘烤中間視需要將烤盤轉向，或上色太快時用鋁箔紙蓋住表面。

Chapter 2

Bread

麵包

抹茶煉乳麵包棒

份量｜6條
模具｜長方形烤模20×15cm

加了煉乳的麵包乳香味大幅提升，還會像棉花糖般又香又軟，而且製作方式也非常簡單，是一款初學者也能無痛上手的家常麵包。

材料 Ingredients

高筋麵粉…133g
低筋麵粉…12g
抹茶粉…5g
酵母粉…1.5～2g（約是麵粉量的1～2%）
水…35g
牛奶…65g

煉乳…15g
砂糖…15g
鹽…2.5g
無鹽奶油…20g

作 法 Methods ─────

| 1 基礎麵包麵團

請按照P.16的基礎麵包麵團作法的步驟1～3，完成一次發酵的基礎麵包麵團。
取出冷藏發酵完成的麵團，待其回溫輕拍排氣，分切成6等分，每個小麵團約是50g，滾圓，蓋上濕布巾靜置鬆弛10～15分鐘。

| 2 整形

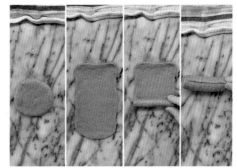

輕拍小麵團排氣，桿平成10×16cm的長方形麵片，從短邊捲起成長條狀，收口收緊。

| 3 第二次發酵

把做好的6個小麵團放進烤模中排好，發酵到接近2倍大，接近發酵完成時開始預熱烤箱。

| 4 烘烤

發酵完成的麵團撒上裝飾用高筋麵粉，烤箱預熱完成後放在烤箱中下層，以180度烤16～18分鐘。

起司毛線球麵包捲

份量｜1個
模具｜圓形烤模18cm

外形像毛線球一樣的麵包捲，加了米粉
的麵包口感鬆軟又有彈性，烘烤時還能
感受到起司熱狗的香氣瀰漫，真是香到
凍未條～

材料 Ingredients

高筋麵粉…180g

蓬萊米粉…20g

酵母粉…2g（約是麵粉量的1～2%）

砂糖…25g

奶粉…6g

水…125g

鹽…3g

無鹽奶油…25g

內餡
切達乳酪片…6～8片

德式香腸…5條

作法 Methods ————————

1 基礎麵包麵團

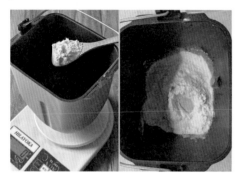

備料：詳細作法請見P.16的步驟1。

2 揉麵

詳細作法請見P.17的步驟2。

3 第一次發酵（冷藏發酵）

詳細作法請見P.17的步驟3。

4 回溫、分割、醒麵

取出冷藏發酵完成的麵團，輕拍排氣，分切成5等分，滾圓，蓋上濕布巾靜置鬆弛10～15分鐘。

5 整形

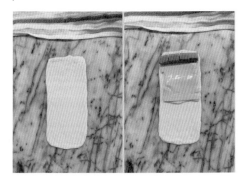

輕拍小麵團排氣，桿平成12×22cm的長方形麵片，德式香腸跟起司放在接近頂端的地方。

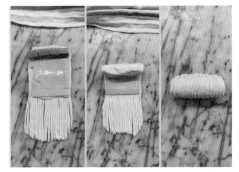

從麵片中間開始用刮板或披薩刀，將麵片切成一條條的形狀，不要切斷。麵片包著內餡由上往下捲緊，收口捏緊朝下放進烤模中。

Tips：將麵片切得越細就會越像毛線。

6 第二次發酵

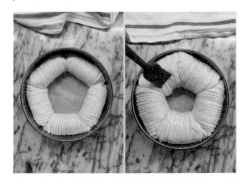

把做好的5個麵片捲放進烤盤中排好，發酵到1.5倍大，接近發酵完成時開始預熱烤箱。發酵完成，表面刷上牛奶。

Tips：發酵過頭的話，毛線的線條會變的不明顯。

7 烘烤

烤箱預熱完成後送進烤箱放在中下層，以190度烤20～25分鐘。出爐後震一下烤模後脫模，趁熱刷上融化的有鹽奶油，放涼。

水玉點點手撕麵包

份量｜6個

三種顏色的點點麵包排在一起，有種手
遊道具的既視感，可愛到爆炸啊！

材料 Ingredients ─────────

高筋麵粉…130g

酵母粉…1.5g（約是高筋麵粉量的1～2%）

水…45g

無糖優格…45g（可改用牛奶）

砂糖…12g

鹽…1g

無鹽奶油…10g

可可粉…1小匙

草莓粉…1小匙

內餡

Kiri小包裝方形奶油乳酪塊…3個

草莓果醬…3小匙

水滴黑巧克力豆…適量

白巧克力豆…適量

作法 Methods

| 1 基礎麵包麵團

請按照P.16的基礎麵包麵團作法的步驟1〜2，完成基礎麵包麵團。

| 2 麵團調色

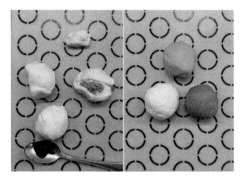

麵團依下面的重量比例切成3份，可可：草莓：原味＝1：1：1.2，重量大的是原味，另外兩個分別加入可可粉、草莓粉，調成可可與草莓麵團。

> Tips：因為我的食譜是小份量的，所以選擇先整體揉麵再加味道手揉麵團，如果要加大份量可以三色麵團分開揉麵。

| 3 第一次發酵（冷藏發酵）

三種顏色的麵團整成圓形後放進密封盒中，送進冰箱冷藏發酵8〜12小時，麵團大約會發酵至2倍大。

| 4 回溫、分割、醒麵

取出冷藏發酵完成的麵團，待其回溫輕拍排氣，原味麵團先切出比可可麵團多出的重量，餘下的和可可麵團、草莓麵團一樣均分成2等分，滾圓，6大1小，總共7個麵團，靜置鬆弛10〜15分鐘。

5 整形

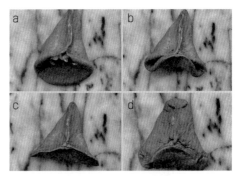

輕拍小麵團排出空氣，桿平成直徑約8cm的圓形麵片，用粗吸管在每個麵團上壓出5、6個小洞，小洞塞進其他顏色的小麵團。

奶油乳酪塊切半，用手整成三角形後，放進麵團中心成為內餡，可可與原味麵團內餡再加上黑、白巧克力豆，草莓麵團內餡加上草莓果醬。

按照abcd的順序，先拿起兩個相鄰的邊折疊在一起，捏緊收口（像帽兜），再把對邊的中間點跟剛剛的收口頂點重疊捏緊，並將兩側麵團收口密封。三角形的三頂點由外朝內折進來一點，讓尖端變圓滑，翻過來收口朝下，用手調整一下最終形狀。

Tips：收口要確認是否密封收緊，不然餡料會跑出來。

6 第二次發酵

把做好的6個三角麵團放進烤盤中排好，彼此留一點間隙，發酵到1.5～1.8倍大，發酵接近完成時開始預熱烤箱。

7 烘烤

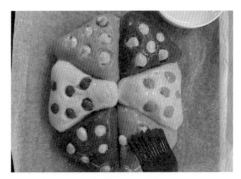

烤箱預熱完成後麵團放進烤箱中下層，以180～190度烤15～18分鐘，直到麵包烤好為止。

出爐後趁熱塗上糖漿（水：糖粉＝1：1）。

可可羊菠蘿手撕麵包

份量 | 6個

頂著捲捲瀏海的黑羊讓人好想收編啊！
雖然多了菠蘿皮，讓步驟看起來有些複
雜，但三重巧克力的美妙滋味會讓你睡
覺數羊都數到流口水～

材 料 Ingredients ——————

主麵團
高筋麵粉…112g
蓬萊米粉…6g
可可粉…8g
酵母粉…1～2g（約是麵粉量的1～
2%）
牛奶…85g
煉乳…12g
砂糖…12g
鹽…2g
無鹽奶油…16g

菠蘿皮麵團
可可粉…5g
低筋麵粉…75g
糖粉…30g
奶油…30g
蛋…10g

內餡
水滴黑巧克力豆…120g

作法 Methods ────

| 0-1 製作菠蘿皮麵團

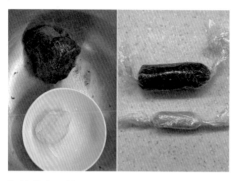

奶油軟化到按壓有痕跡的程度，置於不銹鋼盆中，糖分2次加入奶油，打發至奶油顏色變淺，整體呈滑順的乳霜狀態，再分次加入蛋液攪拌，最後加入除了可可粉以外的粉類，攪拌均勻。

先取出30g做原色麵團，剩下的加入可可粉拌勻成可可麵團，兩種麵團搓成長條狀，分別用保鮮膜包好，送進冰箱冷凍15分鐘。

| 0-2 可可菠蘿皮

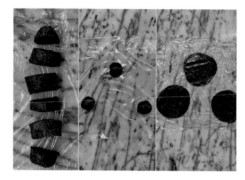

取出可可麵團，均分成6等分。可可麵團底下墊一層保鮮膜再覆蓋上一層保鮮膜，用桿麵棍壓平壓薄成菠蘿皮後，放進冰箱冷藏備用。

| 0-3 原色菠蘿皮

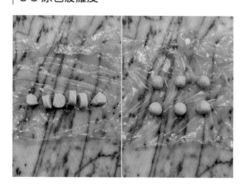

取出原色麵團，均分成6等分，滾圓成小球，用保鮮膜包好冷藏備用。

| 1 基礎麵包麵團

請按照P.16的基礎麵包麵團作法的步驟1～3，完成一次發酵的基礎麵包麵團。

取出冷藏發酵完成的麵團，待其回溫輕拍排氣，分切成6等分，滾圓，蓋上濕布巾靜置鬆弛10～15分鐘。

| 3 整形

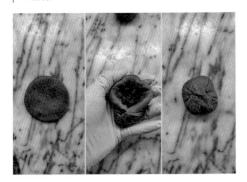

輕拍麵團排氣，稍微拍平，每個麵團包入20g左右的巧克力豆，收口滾圓。

從冰箱取出可可菠蘿皮，每一塊可可菠蘿皮先預留出一點點當瀏海，剩下的可可菠蘿皮移動到麵團上面覆蓋包好，邊邊角角儘量推平整。

| 4 第二次發酵

把做好的6個菠蘿麵團放進烤盤中排好，發酵到1.5～1.8倍大，接近發酵完成時開始預熱烤箱。發酵完成，從冰箱取出原色菠蘿皮，壓扁後製作羊臉與耳朵，再貼上預留的可可菠蘿皮做瀏海。

| 5 烘烤

烤箱預熱完成後放在烤箱中下層，以190度烤15～18分鐘。出爐後放涼，用黑巧克力、白巧克力畫上五官，可愛的小羊就完成了！

小雞乳酪吐司

份量｜1條
模具｜長方形磅蛋糕模：
長17×寬8×高6cm

這款吐司不僅內餡夾乳酪，表皮也加了
起司粉，是一款帶有濃濃乳酪香的迷你
吐司，乳酪控的你一定會喜歡！

材 料 Ingredients

高筋麵粉…105g

蓬萊米粉…10g（可改用低筋麵粉）

酵母粉…1～2g（約是麵粉量的1～
2%）

牛奶…78g

煉乳…10g

砂糖…10g

鹽…1.5g

無鹽奶油…14g

內餡
切達乳酪片…3片

裝飾
帕米森起司粉…適量
牛奶…適量

作法 Methods ─────────

| 1 基礎麵包麵團

備料：詳細作法請見P.16的步驟1。

| 2 揉麵

詳細作法請見P.17的步驟2。

| 3 第一次發酵（冷藏發酵）

詳細作法請見P.17的步驟3。

| 4 回溫、分割、醒麵

取出冷藏發酵完成的麵團，待其回溫輕拍排
氣，先均分成3等分，滾圓，蓋上濕布巾靜
置鬆弛10～15分鐘。

5 整形

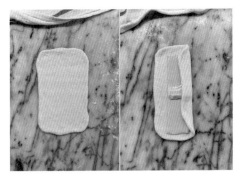
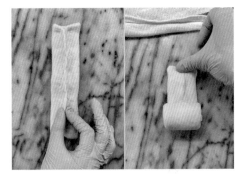

輕拍小麵團排氣，擀成12×18cm的長方形麵片，中間放上起司片，左右兩側的麵團往中間收攏合併。

捏緊收口，拍平麵團，捲起來後再次捏緊收口，放進烤模時，先把一個麵團放在正中間，再把餘下2個麵團依同方向放入兩側。

6 第二次發酵

吐司麵糰發酵到模具的8分滿，發酵接近完成時開始預熱烤箱。發酵完成，麵團刷上牛奶、撒上起司粉。

7 烘烤

烤箱預熱完成後放在烤箱中層，190度烤16～18分鐘。出爐後放上起司和海苔做的眼睛、蟳味棒做的嘴巴，再用番茄醬畫上雞冠，可愛的小雞吐司就完成了。

南瓜麵包

每到秋天就想吃的南瓜麵包，其實做起來
很簡單，只要準備一卷棉繩就可以做出南
瓜圓潤的外型囉！

材料 Ingredients

水…95g

高筋麵粉…135g

蓬萊米粉…15g

酵母粉…1.5g（約是麵粉量的1～2%）

砂糖…18g

奶粉…5g

鹽…2g

無鹽奶油…18g

作法 Methods ————

| 1 基礎麵包麵團

請按照P.16的基礎麵包麵團作法的步驟1～3，完成一次發酵的基礎麵包麵團。
取出冷藏發酵完成的麵團，待其回溫，分切成5等分，滾圓，蓋上濕布巾靜置鬆弛10～15分鐘。

> Tips：如果喜歡大一點的南瓜麵包，可以分成3或4等分。

| 2 整形

輕拍小麵團排氣，搓圓搓高，用棉繩綁出南瓜形狀，不用綁很緊，鬆鬆的就好，因為發酵後麵團會脹大，棉繩陷入麵團中會不好取出。

> Tips：也可以先把棉繩泡油再去綁，比較容易拆卸。

| 3 第二次發酵

把做好的5個小麵團都放進烤盤中排好，發酵到1.5～1.8倍大，接近發酵完成時開始預熱烤箱。發酵完成，表面刷上蛋液。

| 4 烘烤

麵團發酵完成放進烤箱中下層，以190度烤15～18分鐘。出爐後趁熱刷上融化奶油，放涼。

海豹寶寶餐包

份量 | 6個
模具 | 6連蛋糕模：
底部直徑5cm

加了煉乳的麵包濃郁又香甜，靠著小蛋糕
模具就能輕鬆烤出圓乎乎的可愛海豹外
型，是大人小孩都會喜歡的餐包。

材料 Ingredients

高筋麵粉…115g

蓬萊米粉…10g（可改用低筋麵粉）

酵母粉…1～2g（約是麵粉量的1～
2%）

牛奶…85g

煉乳…12g

砂糖…12g

鹽…2g

無鹽奶油…16g

作 法 Methods ────────

1 基礎麵包麵團

請按照P.16的基礎麵包麵團作法的步驟1～3，完成一次發酵的基礎麵包麵團。

2 回溫、分割、醒麵

取出冷藏發酵完成的麵團，待其回溫輕拍排氣，先留下20g左右的麵團做海豹的小手手跟嘴，剩下的均分成6等分，滾圓後靜置鬆弛10～15分鐘。

3 整形

輕拍小麵團排氣，整成圓形，放進烤模中，接著搓2個小圓球，在小麵團下方用水沾濕預計放手的位置，把小圓球黏上去；再做2個直徑0.5cm的小圓餅，貼在小麵團下方1/3處。

4 第二次發酵、烘烤

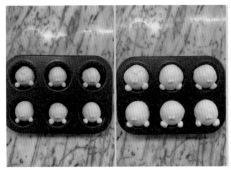

發酵到1.5～1.8倍大，發酵接近完成時開始預熱烤箱，發酵完成撒上高筋麵粉。烤箱預熱完成後放在烤箱中下層，以180度烤15～18分鐘。出爐後依自己喜歡方式畫上眼睛眉毛，可愛的海豹寶寶就完成了。

> Tips：如果省略灑麵粉的步驟，烤出來的海豹寶寶就會是小麥色的。

抹茶花苞麵包

份量｜6個
模具｜6連蛋糕模：
底部直徑5cm

一朵朵花苞形狀的麵包，讓人有想撥開
花瓣一探究（內）竟（餡）的慾望，除
了抹茶，也很適合用草莓粉做成草莓口
味喔～

材料 Ingredients

高筋麵粉…133g

低筋麵粉…12g

抹茶粉…5g

酵母粉…1.5～2g（約是麵粉量的1～2%）

水…100g

煉乳…30g

砂糖…15g

鹽…2.5g

無鹽奶油…20g

內餡
市售紅豆餡…160g

作法 Methods ────────

| 1 基礎麵包麵團

備料：詳細作法請見P.16的步驟1。

| 2 揉麵

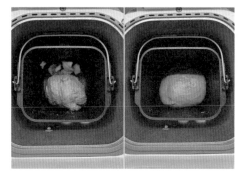

詳細作法請見P.17的步驟2。

| 3 第一次發酵（冷藏發酵）

詳細作法請見P.17的步驟3。

| 4 回溫、分割、醒麵

取出冷藏發酵完成的麵團，待其回溫輕拍排
氣，分切成8等分，滾圓，蓋上濕布巾靜置
鬆弛10～15分鐘。

| 5 整形

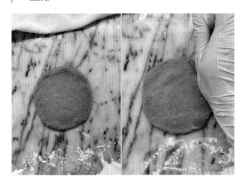

輕拍小麵團排氣,桿平成直徑約12cm的圓形麵片,用拇指下方的肌肉壓薄麵片的外圍。

放進紅豆內餡,用刮刀切割6條線,按照abcd的順序,拿起對角線上的麵片互相重疊包住內餡,麵皮邊緣用手指盡量壓薄,等下膨脹後才能保持形狀。

| 6 第二次發酵

把做好的6個麵團放進烤盤中排好,發酵到1.5倍大,接近發酵完成時開始預熱烤箱。

| 7 烘烤

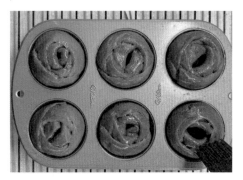

烤箱預熱完成後送進烤箱放在中層,以180度烤16~18分鐘。
出爐後趁熱塗上糖漿(水:糖粉=1:1)。

三角壽司麵包

份量｜5個

是壽司，還是麵包？其實是三角壽司造型麵包啦！真的很有⛰的既視感，餡料放的也是日式咖哩餡，很適合帶去櫻花樹下野餐呢～

材料 Ingredients ————

高筋麵粉⋯130g

酵母粉⋯1.5g（約是高筋麵粉量的1～2%）

水⋯45g

無糖優格⋯45g（可改用牛奶）

砂糖⋯12g

鹽⋯1g

無鹽奶油⋯10g

竹碳粉⋯適量

咖哩馬鈴薯內餡
市售咖哩抹醬⋯60g

馬鈴薯泥⋯80g

玉米粒⋯30g

| 0 製作內餡

馬鈴薯蒸熟,加入咖哩醬搗成泥,再拌入玉米粒,均分成約25g一球,冷藏備用。

| 1 基礎麵包麵團

請按照P.16的基礎麵包麵團作法的步驟1～2,完成基礎麵包麵團。

| 2 第一次發酵(冷藏發酵)

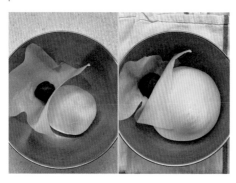

麵團打好後先分出25g的小麵團加入竹碳粉,用手揉成黑色麵團。把麵包機內揉好的麵團拿出,黑色和白色麵團整成圓形後放進容器中,密封好送進冰箱冷藏發酵8～12小時,麵團大約會發酵至2倍大。

| 3 回溫、分割、醒麵

取出冷藏發酵完成的麵團,待其回溫輕拍排氣,分切成5等分,滾圓,靜置鬆弛10～15分鐘。

4 整形

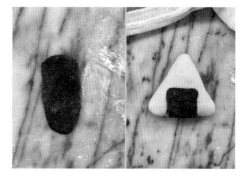

輕拍麵團排氣，桿平成直徑10cm的圓形，
將內餡用手捏成三角形，放進麵團中間。
按abcdef順序，先拿起兩個相鄰的邊折疊在
一起，捏緊收口，再把對邊的中間點跟剛剛
的收口頂點重疊捏緊，兩側麵團收口密封。
三角形的三頂點由外朝內折進來點讓尖端變
圓滑，最後翻過來收口朝下，調整最終形狀。

黑色麵團桿成長條狀，寬度約為白色麵團的
一半，長度要能從中間蓋到白色麵團的底
邊，最後噴點水黏在三角麵團上。

> Tips：收口要確認密封收緊，不然餡料會跑出
> 來。

5 第二次發酵

把做好的5個三角麵團放進烤盤中排好，發
酵到1.5～1.8倍大，發酵接近完成時開始
預熱烤箱。

6 烘烤

烤箱預熱完成後麵團放進烤箱中下層，以
190度烤15分鐘直到麵包烤好為止。
出爐後趁熱刷上融化奶油，完成！

蘑菇麵包

份量｜6個
模具｜6連蛋糕模具：
底部直徑5cm

色彩鮮艷的蘑菇！？但它迷有毒喔～香
脆的奶酥皮配上裝飾的白巧克力，就能
變身成大人小孩都愛吃的奶酥麵包。

材料 Ingredients ————————

高筋麵粉…130g

酵母粉…1.5g（約是高筋麵粉量的1～
2%）

水…45g

無糖優格…45g（可改用牛奶）

砂糖…12g

鹽…1g

無鹽奶油…10g

奶酥

無鹽奶油…30g

糖粉…30g

蛋…30g

低筋麵粉…30g

紅麴粉…4g

鹽…1小搓

裝飾
白色鈕扣巧克力…適量

作法 Methods ————————

| 0 製作奶酥

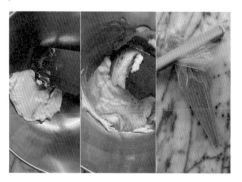

奶油軟化到按壓有痕跡的程度，置於不銹鋼盆中，糖分2次加入奶油，打發至奶油顏色變淺，整體呈滑順的乳霜狀態，再分次加入蛋液攪拌，最後加入粉類，攪拌均勻至滑順狀態，放入擠花袋冷藏備用。

> Tips：若非以冷藏發酵方式製作麵包麵團，奶酥完成後可直接置於室溫備用。

| 1 基礎麵包麵團

備料：詳細作法請見P.16的步驟1。

| 2 揉麵

詳細作法請見P.17的步驟2。

| 3 第一次發酵（冷藏發酵）

詳細作法請見P.17的步驟3。

4 回溫、分割、醒麵

取出冷藏發酵完成的麵團，待其回溫輕拍排氣，分切成6等分，滾圓，蓋上濕布巾靜置鬆弛10～15分鐘。

5 第二次發酵

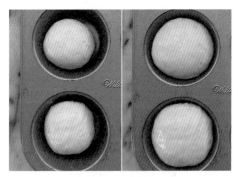

把做好的6個小麵團放進烤模中，發酵到8、9分滿，發酵接近完成時開始預熱烤箱，並取出冷藏的奶酥回溫。

6 烘烤

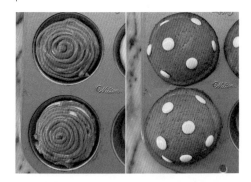

烤箱預熱完成後，擠上奶酥在發酵完成的麵團上，放進烤箱中層，以190度烤15～18分鐘或直到表面上色為止。出爐後趁溫熱放上白色鈕扣巧克力做裝飾即完成！

豪蚌蚌麵包

份量 | 3個

你看過喝奶長大的貝殼嗎？是用奶粉做
的貝殼紋麵包啦～拍照時我特地放上鵪
鶉蛋當做珍珠，看起來還真像那麼一回
事呢XD

材 料 Ingredients

高筋麵粉…95g

蓬萊米粉…5g

酵母粉…1g

砂糖…12g

奶粉…3g

水…63g

鹽…1g

無鹽奶油…12g

作法 Methods ——————

| 1 基礎麵包麵團

請按照P.16的基礎麵包麵團作法的步驟1～3，完成一次發酵的基礎麵包麵團。

| 2 回溫、分割、醒麵

取出冷藏發酵完成的麵團，待其回溫輕拍排氣，均分成3等分，滾圓，蓋上濕布巾靜置鬆弛10～15分鐘。

| 3 整形

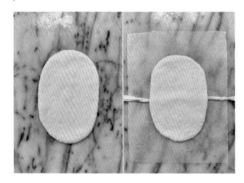

輕拍小麵團排氣，桿平成10×15cm、兩端成圓弧狀的橢圓形麵片。
把麵片移到20×30cm的烘焙紙上，中間插入烘焙紙捲成的小紙捲。

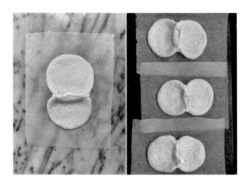

利用紙捲把麵團中間綁住成花生狀，放入烤盤。

│ 4 第二次發酵

做好的3個麵團發酵到1.5倍大,接近發酵
完成時開始預熱烤箱。
發酵完成,先暫時解開小紙捲,撒上高筋麵
粉,用刀片劃出貝殼紋。

連著鋪在麵團底下的烘焙紙一起拿起麵團,
割痕朝上對折麵團,讓麵團夾著烘焙紙放在
烤盤上,再把小紙捲綁回去。

> Tips:這種夾紙去烘烤的作法,烤好的麵包不
> 須刀切可以直接打開,也更像貝殼。

│ 5 烘烤

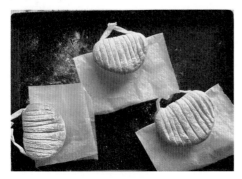

烤箱預熱完成後送進烤箱放在中下層,以
180～190度烤15分鐘。

果醬乳酪麵包

份量｜5個

在麵包塗上微酸的奶油乳酪與鮮甜的草莓果醬，就是簡單卻好吃到不行的美食，我想著若能把美味通通包進餡裡就更完美了，於是誕生了這個食趣滿滿的三角形餐包。

材 料 Ingredients ————

高筋麵粉…125g

紅麴粉…5g

酵母粉…1.5g（約是高筋麵粉量的1～2%）

水…45g

無糖優格…45g（可改用牛奶）

砂糖…12g

鹽…1g

無鹽奶油…10g

內餡

Kiri小包裝方形奶油乳酪塊…5個

草莓果醬…5小匙

1 基礎麵包麵團

請按照P.16的基礎麵包麵團作法的步驟1～3，完成一次發酵的基礎麵包麵團。

2 回溫、分割、醒麵

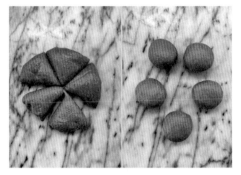

取出冷藏發酵完成的麵團，待其回溫輕拍排氣，分切成5等分，滾圓，靜置鬆弛10～15分鐘。

3-1 整形

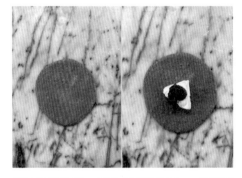

輕拍麵團排氣，桿平成直徑約10cm的圓形麵片，塊狀的奶油乳酪內餡用手捏成三角形放進麵片中心，再放上一小匙果醬。

3-2

先拿起兩個相鄰的邊折疊在一起，捏緊收口（像帽兜），再把對邊的中間點跟剛剛的收口頂點重疊捏緊，並將兩側麵團收口密封。

Tips：收口要確認是否密封收緊，不然餡料會跑出來。

| 3-3

三角形的三頂點由外朝內折進來一點,讓尖端變圓滑,翻過來收口朝下,用手調整一下最終形狀。

| 4 第二次發酵

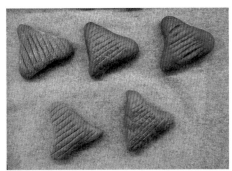

把做好的5個三角麵團放進烤盤中排好,發酵到1.5～1.8倍大,發酵接近完成時開始預熱烤箱。發酵完成,用刀片切出割紋。

| 5 烘烤

烤箱預熱完成後麵團放進烤箱中下層,以180～190度烤15～18分鐘,直到麵包烤好為止。出爐後趁熱刷上融化奶油,完成!

水豚君叉燒麵包

份量 | 3個

水豚君真的太萌了～把叉燒麵包做成水
豚君的造型，叉燒+水豚，感覺也是很
合理的哦！？

材料 Ingredients ———

高筋麵粉⋯95g
蓬萊米粉⋯5g
酵母粉⋯1g
砂糖⋯12g
奶粉⋯3g
水⋯63g
鹽⋯1g
無鹽奶油⋯12g
可可粉⋯適量

叉燒內餡
叉燒肉⋯100g
蜜汁烤肉醬⋯20g

| 0 製作內餡

叉燒肉切小丁，加入蜜汁烤肉醬，攪拌均勻備用。

| 1 基礎麵包麵團

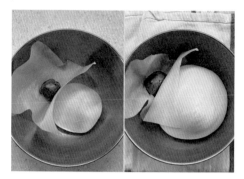

請按照P.16的基礎麵包麵團作法的步驟1～2，完成基礎麵包麵團。

分出10g的小麵團另外加入可可粉，用手揉成棕色麵團；兩種顏色的麵團整成圓形後放進容器中，密封好送進冰箱冷藏發酵8～12小時，麵團大約會發酵2倍大。

| 2 回溫、分割、醒麵

取出冷藏發酵完成的麵團，待其回溫輕拍排氣，白色麵團均分成3等分，滾圓，和棕色麵團一起蓋上濕布巾靜置鬆弛10～15分鐘。

| 3-1 整形

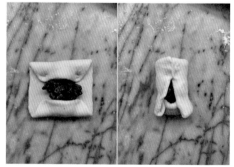

把麵團擀成10×15cm的橢圓形麵片，兩端要比中間薄一點，中間放上25～30g的內餡。橢圓形麵片上下兩端往中間蓋進來壓緊，左右兩邊麵片互相捏合收緊。

| 3-2

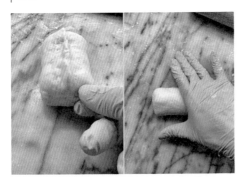

再次確認上下左右四邊的收口都捏緊，收口朝下在桌面滾一滾，讓麵團變成圓柱狀。

| 3-3

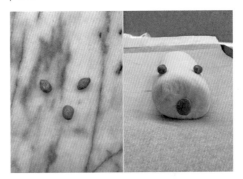

從棕色麵團捏出3小球做耳朵與鼻部，沾點水貼上。

| 4 第二次發酵

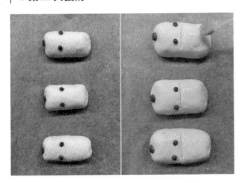

把做好的3個麵團放進烤盤中排好，發酵到1.5～1.8倍大，接近發酵完成時開始預熱烤箱。發酵完成，麵團中間橫向劃一刀，表面刷上蛋液。

| 5 烘烤

麵團發酵完成放進在烤箱中下層，以190度烤15～18分鐘。
出爐後趁熱刷上融化奶油，放涼，擺上海苔做的眼睛與嘴巴，完成！

薔薇漸層麵包

份量｜6個
模具｜長方形烤模：
20×15cm

漸層麵包只是作法看起來複雜，其實很
簡單，而且湯種麵包相當柔軟，不管搭
配甜或鹹的餡料都很適合，是一款能增
加食用樂趣的家常麵包。

材料 Ingredients

湯種
高筋麵粉…15g
水…75g

主麵團
湯種…40g（上面湯種所做出的量的一
半）
高筋麵粉…125g
酵母粉…1～1.5g（約是高筋麵粉量的
1～2%）
牛奶…60g
砂糖…12g
鹽…1g
無鹽奶油…10g

梔子花紅色色粉…適量

作法 Methods ────────

| 1 湯種麵包麵團

請按照P.20的湯種麵包麵團作法的步驟1～2，完成湯種麵包麵團。

| 2 麵團調色

麵團分切成3等分，分別加入色粉，調成從深到淺的粉紫、粉紅、白色麵團。

> Tips：因為我是小份量的食譜，所以會選擇先整體揉麵再加色粉調色，如果加大份量也可以三色麵團分開揉麵。

| 3 第一次發酵（冷藏發酵）

三色麵團整成圓形後放進密封盒中，送進冰箱冷藏發酵8～12小時，麵團大約會發酵至2倍大。

| 4 回溫、分割、醒麵

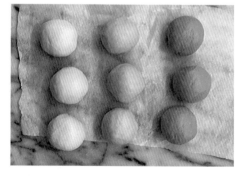

取出冷藏發酵完成的麵團，待其回溫輕拍排氣，將每種顏色的麵團再均分成3個小麵團，滾圓，蓋上濕布巾靜置鬆弛10～15分鐘。

| 5 整形

輕拍小麵團排出空氣，桿平成長12×寬8cm的長方形麵片，捲起收口，放進烤模中。

| 6 第二次發酵

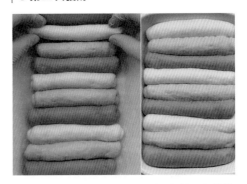

把做好的9個小麵團捲依喜歡的漸層色放進烤模中排列，發酵到1.5～1.8倍大，發酵接近完成時開始預熱烤箱。

| 7 烘烤

烤箱預熱完成後麵團放進烤箱中下層，以180度烤15～18分鐘，直到麵包烤好為止。

出爐後放涼，沿著長邊切出2cm的條狀，捲起來就變成漸層薔薇吐司囉～

聖誕樹手撕麵包

份量｜1個

雖然步驟看起來不少，但可以享受到濃
厚醇香的巧克力餡（外面的巧克力餡都
少得可憐），還能與親友一起感受美好
的聖誕節氣氛，絕對值得嘗試。

材料 Ingredients

湯種
高筋麵粉…15g
水…75g

主麵團
湯種…40g（上面湯種所做出的量的一
半）
高筋麵粉…118g
抹茶粉…7g
酵母粉…1～1.5g（約是高筋麵粉量的
1～2%）
牛奶…60g
砂糖…12g
鹽…1g
無鹽奶油…10g

內餡
無鹽奶油…50g
70%巧克力…50g
細砂糖…20g（如用%低的巧克力，糖
量就可以減少）
君度橙酒…少許（可改用白蘭地）
鹽…少許

作法 Methods ————————

| 0 備料

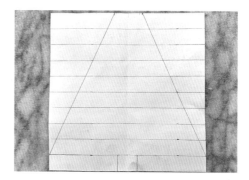

製作內餡：奶油放室溫軟化到按壓有痕跡的程度，加糖打發成乳霜後，加入融化的巧克力攪拌均勻，再放入製作內餡的其他材料，混合至均勻滑順的狀態備用。

製作聖誕樹紙版：先在紙上畫好聖誕樹紙版，樹高：樹底寬：樹枝間距＝20cm：20cm：2cm，樹頂寬3.5cm，樹幹寬2.5cm，剪出樹形。

| 1 湯種麵包麵團

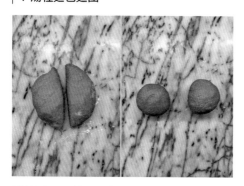

請按照P.20的湯種麵包麵團作法的步驟1～3，完成一次發酵的湯種麵包麵團。
取出冷藏發酵完成的麵糰，待其回溫，輕拍排氣，分成2等分，滾圓，蓋上濕布巾靜置鬆弛10～15分鐘。

| 2 切出外形

輕拍小麵團排氣，每個麵糰都桿成底部22X高20cm的三角形，放上剪好的聖誕樹紙版，切割出樹形。將切割下來的麵片整合成一個麵團，桿平後用模具切割成星形。

> Tips：桿平的麵團形狀不完美沒關係，可稍微大出紙版範圍，多出的部分再依紙版修掉。

3 填入內餡

將其中一個麵片塗上內餡，蓋上另一個麵片。

4

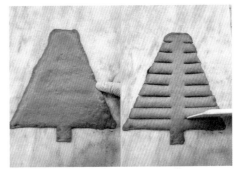

把周圍都壓緊，聖誕樹中心保留2cm寬度不動，兩邊每隔2cm橫切一刀。

5

切好的麵糰扭轉1～2次（短的1次，長的2次），最後於樹頂放上星星，進行二次發酵到1.5倍大。發酵接近完成時開始預熱烤箱。

Tips：發酵時注意麵團保濕。

6 烘烤

烤箱預熱完成後麵團放進烤箱中下層，以180度烤15～18分鐘。出爐後趁熱塗上糖漿（水：糖粉＝1:1），麵包放涼後撒上糖粉，加上糖片裝飾就完成囉！

Tips：如果不想讓抹茶上色太深，就需要注意烤溫。

夢幻系漸層迷你吐司

份量｜1條
模具｜長方形磅蛋糕模：
長17×寬8×高6cm

漸層顏色的吐司可說是吐司變化款的起
手式，能讓家常吐司變得更有趣又不容
易失敗，大家一定要學起來！

材料 Ingredients

湯種
高筋麵粉…15g
水…75g

主麵團
湯種…40g（上面湯種所做出的量的一
半）
高筋麵粉…125g
酵母粉…1〜1.5g（約是高筋麵粉量的
1〜2%）
牛奶…60g
砂糖…12g
鹽…1g
無鹽奶油…10g

甜菜根粉…適量
紅麴粉…適量

作法 Methods ————————

| 1 湯種麵包麵團

請按照P.20的湯種麵包麵團作法的步驟1～2，完成湯種麵包麵團。

| 2 麵團調色

麵團打好後分切成3等分，分別加入甜菜根粉和紅麴粉調色，用手揉麵團，調成從深到淺的深紫、粉紅、白色麵團。

> Tips：因為我的食譜是小份量的，所以選擇先整體揉麵再加色粉調色，如果要加大份量也可以三色麵團分開揉麵。

| 3 第一次發酵（冷藏發酵）

三色麵團整成圓形後放進密封盒中，送進冰箱冷藏發酵8～12小時，麵團會發酵至2倍大。

| 4 回溫、醒麵

取出冷藏發酵完成的麵團，待其回溫輕拍排氣，滾圓，蓋上濕布巾靜置鬆弛10～15分鐘。

5 整形

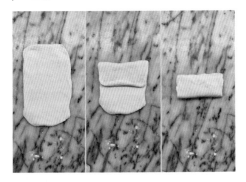

麵團先擀平成15×10cm的長方形麵片，上
面1/3往中間折，下面1/3也往中間折，壓
扁排氣，整形成12×6cm的麵片。

> Tips：烤模是上寬下窄形式，底部的尺寸約為
> 15×7cm，所以把麵團都依底部尺寸整形成
> 12×6cm的麵片。

三色麵片依下面深色、上面淺色的順序放進
烤模中。

> Tips：最後成品想呈現山形吐司下淺上深的漸
> 層，所以模具底部要先放深紫色，越往上顏色
> 越淺，等烤好倒扣出來才會是想要的樣子。

6 第二次發酵

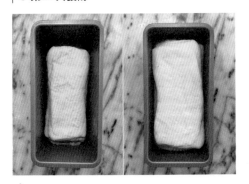

麵片發酵到8分滿模，發酵接近完成時開始
預熱烤箱。

7 烘烤

烤箱預熱完成後烤模放進烤箱中下層，上方
用另一個更大的烤模或烤盤當蓋子，放上重
物壓著，以190度烤18～20分鐘直到麵包
烤好為止。

> Tips：因為我用的不是帶蓋吐司模，所以上面
> 才要另外想辦法配蓋子壓住。

小熊優格餐包

份量｜6個
模具｜6連蛋糕模：底部直徑5cm

材料中加了優格就能讓麵包體的柔軟度狂升好幾級，吃起來帶著清淡的酸味，不論是單吃或夾餡料都很適合，早餐來一個就有滿滿的幸福感。

材 料 Ingredients

湯種
高筋麵粉…15g
水…75g

主麵團
湯種…40g（上面湯種所做出的量的一半）
高筋麵粉…125g

酵母粉…1～1.5g（約是高筋麵粉量的1～2%）
牛奶…30g
無糖優格…30g
砂糖…12g
鹽…1g
無鹽奶油…10g

作 法 Methods ————————

| 1 湯種麵包麵團

請按照P.20的湯種麵包麵團作法的步驟1～
3，完成一次發酵的湯種麵包麵團。
取出冷藏發酵完成的麵團，待其回溫輕拍排
氣，先留下10～20g的麵團做耳朵，剩下
的均分6等分，滾圓後靜置鬆弛10～15分
鐘。

| 2 整形

輕拍小麵團排氣，整成圓形，放進烤模中，
接著搓2個小圓球，在小麵團上方用水沾濕
預計放耳朵的位置，把小圓球黏上去。

| 3 第二次發酵

把做好的6個小麵團放進烤模中排好，進行
二次發酵到接近1.5～1.8倍大，接近發酵
完成時開始預熱烤箱。

| 4 烘烤

烤箱預熱完成後麵團放進烤箱中下層，以
190度烤15～18分鐘直到表面呈金黃色為
止。出爐後依自己喜歡方式製作五官，可愛
的小熊就完成了！

肉鬆獅麵包

份量｜4個

超受歡迎的台式肉鬆麵包，我把它升級
成肉鬆獅啦～方正的獅臉有一種憨憨的
萌感，萬獸之王無奈表示：可以不要玩
我的臉嗎？

材 料 Ingredients ───────

湯種
高筋麵粉⋯15g
水⋯75g

主麵團
湯種⋯40g（上面湯種所做出的量的一
半）
高筋麵粉⋯125g
酵母粉⋯1～1.5g（約是高筋麵粉量的
1～2％）
牛奶⋯60g
砂糖⋯12g
鹽⋯1g
無鹽奶油⋯10g

裝飾
切達乳酪片⋯適量
肉鬆⋯適量
美乃滋⋯適量

作 法 Methods ────────

| 1 製作湯種與備料

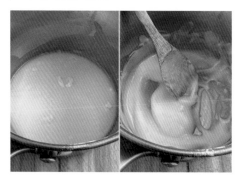

詳細作法請見P.21的步驟1。

| 2 揉麵

詳細作法請見P.21的步驟2。

| 3 第一次發酵

詳細作法請見P.22的步驟3。

| 4 回溫、分割、醒麵

從冰箱取出冷藏發酵完成的麵團,待其回溫
輕拍排氣,均分成4等分,滾圓後靜置鬆弛
10～15分鐘。

┃ 5 整形

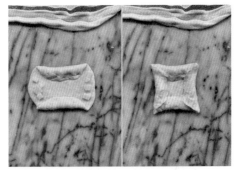

輕拍小麵團排氣，桿成直徑15cm的圓形，周圍撒上一圈起司丁。

把上下左右四個邊往中間折進來壓緊收口，中間留出一個小正方形的空間。

┃ 6 第二次發酵

把做好的4個小麵團放進烤模中排好，進行二次發酵到1.5～1.8倍大，接近發酵完成時開始預熱烤箱。發酵完成，把中間的空位壓扁，放進起司片，塗上蛋液。

┃ 7 烘烤

烤箱預熱完成後麵團放進烤箱中下層，以190度烤15～18分鐘直到麵包烤好為止。出爐後塗上美乃滋，加上肉鬆，再用海苔做出五官，肉鬆獅麵包就完成囉～

草莓手撕麵包

份量｜16塊
模具｜方形不沾烤模：
18×18cm

誰能對草莓外型的麵包說NO呢？波蘭
種作法的手撕麵包，口感軟嫩又Q彈，
組織綿密拉絲，還有誘人的奶酥餡，喜
歡手撕包的朋友一定要試試看！

材 料 Ingredients

波蘭種
高筋麵粉…50 g
水…50 g
酵母粉…1g

主麵團
波蘭種…100 g
高筋麵粉…250 g
紅麴粉＋甜菜根粉…5 g
（若只有紅麴粉，顏色會偏豬肝紅）
酵母粉…1.5～2.5 g
（約是高筋麵粉量的1～2%）
水…80 g
無糖優格…80 g（可改用牛奶）

草莓果醬…10 g
砂糖…20 g
鹽…3 g
無鹽奶油…30 g

蔓越莓奶酥餡
無鹽奶油…72 g
糖粉…60 g
蛋…18 g
奶粉…90 g
蔓越莓乾…40 g

作法 Methods ──────────

0 製作內餡

把蔓越莓乾泡在白蘭地裡，約15分鐘後擠乾，其他奶酥餡材料放進調理機攪拌均勻，再加入蔓越莓乾拌勻，均分成16個小球，放進冰箱冷藏備用。

1 製作波蘭種麵包麵團

詳細作法請見P.25的步驟1。

2 揉麵

詳細作法請見P.25的步驟2。
開始揉麵：等麵團成型後（約5分鐘），先把30g的白色麵團從麵包機中取出，再放入紅麴粉、甜菜根粉與奶油，繼續行程做成粉紅色麵團。
綠色麵團：取出的30g白色麵團，另外加入綠色食用色素，用手揉成綠色麵團。

3 第一次發酵（冷藏發酵）

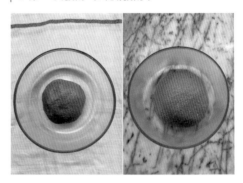

詳細作法請見P.26的步驟3。

4 回溫、分割、醒麵

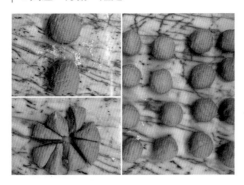

取出冷藏發酵完成的粉紅色和綠色麵團，待其回溫輕拍排氣後，先將粉紅色麵團均分成2等分，每等分再均分成8等分，滾圓，靜置鬆弛10分鐘，共完成16個小麵團。

5 包餡

輕拍小麵團排氣，稍微拍平，每個奶酥麵團包入18g內餡，上下兩邊捏緊、左右兩側捏緊收口，變成正方形小麵團。

6 製作葉子

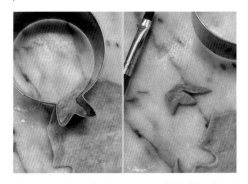

綠色麵團桿成薄片，用工具做出葉子的形狀，背面刷上一點水黏在正方形小麵團上。

7 第二次發酵、烘烤

把做好的16個正方形小麵團放進烤模中依4×4排好，發酵至1.5～1.8倍大，接近發酵完成時開始預熱烤箱；發酵完成，放上芝麻粒做裝飾。烤箱預熱完成後麵團放進烤箱中下層，以180～190度烤15～18分鐘。

> Tips：記得烤溫不要太高，以免上色顯不出草莓麵包粉嫩的顏色。

柑橘手撕麵包

份量｜16個
模具｜方形不沾烤模：
18×18cm

一樣是波蘭種作法的手撕麵包，微酸微
甜的柑橘皮配上烤得脆脆的糖霜，這吃
的不是麵包，是碳水天堂的幸福感。

材 料 Ingredients

波蘭種
高筋麵粉…50g
水…50g
酵母粉…1g

主麵團
波蘭種…100g
高筋麵粉…250g
酵母粉…1.5～2.5g（波蘭種的酵母粉
量也算在內，約是主麵團高筋麵粉量的
1～2%）
水…80g
無糖優格…80g（可改用牛奶）
砂糖…20g

鹽…3g
無鹽奶油…30g

作法 Methods ——————

| 1 製作波蘭種與備料

詳細作法請見P.25的步驟1。

| 2 波蘭種麵包麵團

詳細作法請見P.25的步驟2～3，完成
一次發酵的波蘭種麵包麵團。

| 3 回溫、分割、醒麵

取出冷藏發酵完成的麵團，待其回溫輕拍
排氣，均分成8等分，滾圓後靜置鬆弛10～
15分鐘。

| 4-1 整形

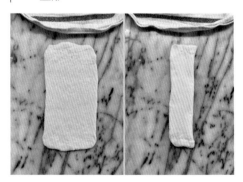

輕拍小麵團排氣，桿成10×18cm的長方形
麵片，沿著長邊對折變成一個更窄的長方
形，再次桿平。

| 4-2

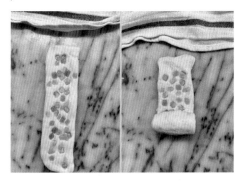

撒上橘皮粒，捲起麵片成圓柱形，收口處捏緊。

| 4-3

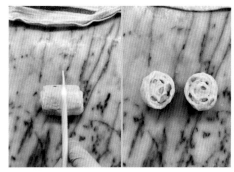

從中間對切成2個麵包捲，共完成16個麵包捲。

| 5 第二次發酵

把做好的16個麵包捲放進烤模中依4×4排好，進行二次發酵至1.5～1.8倍大，接近發酵完成時開始預熱烤箱。麵包捲發酵完成，塗上軟化的奶油，撒上大量的白糖。

| 6 烘烤

預熱烤箱完成後麵包捲放進烤箱中下層，以190度烤15～18分鐘完成。

眞 · 蘋果麵包

豪邁的放上半顆蘋果，每口咬下都是貨
真價實的果肉，經過高溫烘烤的肉桂糖
變成糖漿與蘋果汁一起融進麵團中，剛
出爐時，麵包底部也因為糖漿而變得脆
脆的，好吃～

材料 Ingredients ————

波蘭種
高筋麵粉…25g
水…25g
酵母粉…0.5g

主麵團
波蘭種…50g
高筋麵粉…105g
酵母粉…1g（波蘭種的酵母量也算在
內，約是主麵團高筋麵粉量的1～2%）
水…40g
無糖優格…40g
砂糖…12g
鹽…1g

無鹽奶油…10g

內餡
軟化奶油…30g
砂糖…適量
肉桂粉…適量

裝飾
蘋果切片…2個
杏桃果醬…適量

作法 Methods ─────

| 0 預備動作

蘋果切0.3cm薄片。內餡的砂糖和肉桂粉一起攪拌均勻，做成肉桂糖備用。

| 1 波蘭種麵包麵團

請按照P.24的波蘭種麵包麵團作法的步驟1～3，完成一次發酵的波蘭種麵包麵團。取出冷藏發酵完成的麵團，待其回溫輕拍排氣，分切成4等分，每一份麵團分出5g左右的麵團做葉子，滾圓，靜置鬆弛10～15分鐘。

| 2 整形

輕拍排氣，桿平成10×18cm的長條形麵片，抹上軟化奶油，撒上肉桂糖。
麵片從短邊捲起變成毛巾捲狀，捏緊收口，左右對折，重疊收口處再捏緊。

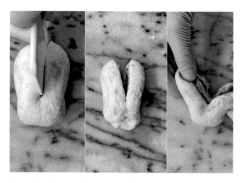

麵團翻轉90度，刮刀從中間切開但不切到底。

3

打開切口處放在烤模上，小麵團做成葉子與梗，放在麵團旁邊。

4 第二次發酵

做好的4個麵團會發酵到1.5～1.8倍大，發酵接近完成時開始預熱烤箱。
發酵完成，在蘋果葉中間劃一刀，麵團中間部分補上一些肉桂糖，排上蘋果片。

5 烘烤

烤箱預熱完成後放在烤箱中上層，以190度烤15～18分鐘或直到表面上色為止。
出爐後趁熱在蘋果片塗上杏桃果醬做裝飾。

小花麵包

份量｜4個

　造型麵包中最簡單的起手式，只要會搓
圓麵團就會做，中間花心部分可以填進
任何口味的果醬或巧克力醬，非常美味
可口喔～

材料 Ingredients

波蘭種
高筋麵粉…25g
水…25g
酵母粉…0.5g

主麵團
波蘭種…50g
高筋麵粉…105g
酵母粉…1g（包含波蘭種的酵母量在
內，約是主麵團高筋麵粉量的1～2%）
水…40g
無糖優格…40g
砂糖…12g
鹽…1g
無鹽奶油…10g

內餡
Kiri小包裝方形奶油乳酪塊…2個
草莓果醬…4小匙

作法 Methods ————————

| 1 波蘭種麵包麵團

請按照P.25的波蘭種麵包麵團作法的步驟
1～2，完成波蘭種麵包麵團。

| 2 第一次發酵（冷藏發酵）

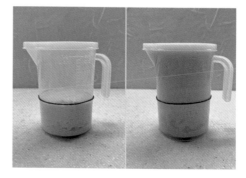

詳細作法請見P.26的步驟3。

| 3 回溫、分割、醒麵

取出冷藏發酵完成的麵團，待其回溫輕拍排
氣，分切成4等分，滾圓，蓋上濕布巾靜置
鬆弛10～15分鐘。

| 4 整形

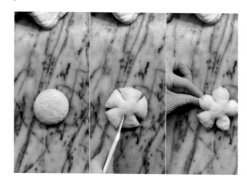

輕拍小麵團排氣，稍微拍平，用刮刀沿著外
圍平均切出5個缺口，變成5個花瓣，將每
個花瓣兩端捏合在一起。

| 5 第二次發酵

把做好的4個小麵團都放進烤盤中排好，發
酵到1.5～1.8倍大，發酵接近完成時開始
預熱烤箱。

發酵完成，把方形的奶油乳酪塊切半，捏成
圓餅狀，按壓進麵團中間當花心。

| 6 烘烤

烤箱預熱完成後麵團放進烤箱中下層，以
190度烤15分鐘直到烤好為止。
出爐後趁熱塗上糖漿（水：糖粉＝1：
1），中間填進果醬就完成啦！

Chapter 3

Focaccia

佛卡夏

新手注意事項
1. 酵母粉的使用份量請依實際購買的品牌標示做調整。
2. 請依實際烤盤大小調整烘烤時間，烘烤中間視需要將烤盤轉向。
3. 若在烘烤時擔心表面上色太快，可以用鋁箔紙蓋住。

西瓜佛卡夏

份量｜1個
模具｜正方形烤模：
18×18cm

佛卡夏放番茄當配料是很經典的作法，
用番茄跟櫛瓜拼成西瓜的圖案，整個佛
卡夏變得很夏天～

材料 Ingredients

佛卡夏麵團

高筋麵粉…250g

細砂糖…12g

鹽…5g

橄欖油…12g

水…200g（約為麵粉量的80%）

酵母粉…2.5g（約是麵粉量的1～2%）

香料…適量（新鮮或乾燥都可）

裝飾

橄欖油…適量

粗海鹽…適量

綠櫛瓜…適量

小番茄…適量

新鮮迷迭香…適量

作法 Methods ————

| 1 佛卡夏麵團

請依照P.28的佛卡夏麵團作法的步驟1～6，完成二次發酵的佛卡夏麵團。

| 2

將麵團從冰箱取出，一邊等麵團回溫、一邊預熱烤箱，一邊來做麵包表面的裝飾。
櫛瓜切成0.7cm薄片後再對半切，挖掉白色部分，小番茄對半切。

| 3

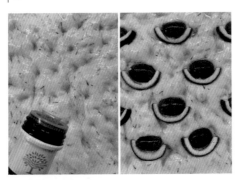

先用手指在麵團表面戳幾個小洞，表面若有大氣泡可以弄破，這樣烤出來的表面比較平整，再塗上厚厚的橄欖油，灑上海鹽。
用櫛瓜片綠色部分跟小番茄排出西瓜的圖案，新鮮迷迭香剪小束放進來裝飾。

| 4 烘烤

烤箱預熱到最熱，等麵團回溫（或是麵團又明顯膨脹時）送進烤箱烘烤，以200～210度烘烤25～30分鐘，直到表皮呈金黃色，並且麵包邊緣離模。
出爐後，在小番茄表面放上黑芝麻作西瓜籽，西瓜圖案佛卡夏就完成囉～

太陽花佛卡夏

份量 | 1個
模具 | 正方形烤模：
18×18cm

用德國香腸與玉米粒組成的太陽花圖
案，切成格紋狀的德國香腸，經過烘烤
後自然出現漂亮的格狀花心 ♡

材料 Ingredients

佛卡夏麵團

高筋麵粉…250g

細砂糖…12g

鹽…5g

橄欖油…12g

水…200g（約為麵粉量的80%）

酵母粉…2.5g（約是麵粉量的1～2%）

香料…適量（新鮮或乾燥都可）

裝飾

橄欖油…適量

粗海鹽…適量

德式香腸…適量

罐裝玉米粒…適量

新鮮迷迭香…適量

作 法 Methods

┃ 1 佛卡夏麵團

請依照P.28的佛卡夏麵團作法的步驟1～6，完成二次發酵的佛卡夏麵團。

┃ 2

將麵團從冰箱取出，一邊等麵團回溫、一邊預熱烤箱，一邊來做麵包表面的裝飾。
德式香腸厚切成0.7～0.8cm的厚片，再切格紋，記得不用切斷。

┃ 3

先用手指在麵團表面戳幾個小洞，表面若有大氣泡可以弄破，這樣烤出來的表面比較平整，再塗上厚厚的橄欖油，灑上海鹽。
用德式香腸跟玉米粒排出太陽花的圖案，新鮮迷迭香剪小束放進來裝飾。

> Tips：玉米粒跟德腸盡量排緊密，這樣烘烤膨脹時就不會變成天女散花的感覺。

┃ 4 烘烤

烤箱預熱到最熱，等麵團回溫（或是麵團又明顯膨脹時）送進烤箱烘烤，以200～210度烘烤25～30分鐘，直到表皮呈金黃色，並且麵包邊緣離模。

鳳梨佛卡夏

份量｜1個
模具｜正方形烤模：
18×18cm

惹怒義大利人的鳳梨佛卡夏！雖然外型
看似鳳梨，其實是貨真價實的黃／綠櫛
瓜。義國人本身⋯

材料 Ingredients

佛卡夏麵團

高筋麵粉⋯250g

細砂糖⋯12g

鹽⋯5g

橄欖油⋯12g

水⋯200g（約為麵粉量的80%）

酵母粉⋯2.5g（約是麵粉量的1～2%）

香料⋯適量（新鮮或乾燥都可）

裝飾

橄欖油⋯適量

粗海鹽⋯適量

黃櫛瓜⋯適量

綠櫛瓜⋯適量

新鮮迷迭香⋯適量

作 法 Methods ————

| 1 佛卡夏麵團

請依照P.28的佛卡夏麵團作法的步驟1～6，完成二次發酵的佛卡夏麵團。

| 2

將麵團從冰箱取出，一邊等麵團回溫、一邊預熱烤箱，一邊來做麵包表面的裝飾。
黃櫛瓜直向切段切格紋，綠櫛瓜切小段再切成皇冠的形狀。

| 3

先用手指在麵團表面戳幾個小洞，表面若有大氣泡可以弄破，這樣烤出來的表面比較平整，再塗上厚厚的橄欖油，灑上海鹽。
用黃綠雙色的櫛瓜片排出鳳梨的圖案，新鮮迷迭香剪小束放進來裝飾。

| 4 烘烤

烤箱預熱到最熱，等麵團回溫（或是麵團又明顯膨脹時）送進烤箱烘烤，以200～210度烘烤25～30分鐘，直到表皮呈金黃色，並且麵包邊緣離模。

紅蘿蔔佛卡夏

份量 | 1個
模具 | 正方形烤模：
18×18cm

讓你體驗拔蘿蔔樂趣的佛卡夏，可以邊
吃邊玩的好食譜，不學嗎？

材料 Ingredients

佛卡夏麵團

高筋麵粉…250g

細砂糖…12g

鹽…5g

橄欖油…12g

水…200g（約為麵粉量的80%）

酵母粉…2.5g（約是麵粉量的1～2%）

香料…適量（新鮮或乾燥都可）

裝飾

橄欖油…適量

粗海鹽…適量

胡蘿蔔…適量

花椰菜…適量

作法 Methods

| 1 佛卡夏麵團

請依照P.28的佛卡夏麵團作法的步驟1～
6，完成二次發酵的佛卡夏麵團。

| 2

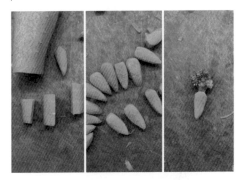

將麵團從冰箱取出，一邊等麵團回溫、一邊
預熱烤箱，一邊來做麵包表面的裝飾。
蘿蔔切成適當的大小，花椰菜也切成配合胡
蘿蔔的大小。

| 3

先用手指在麵團表面戳幾個小洞，表面若有
大氣泡可以弄破，這樣烤出來的表面比較平
整，再塗上厚厚的橄欖油，灑上海鹽，用胡
蘿蔔跟花椰菜排出圖案。

| 4 烘烤

烤箱預熱到最熱，等麵團回溫（或是麵團又
明顯膨脹時）送進烤箱烘烤，以200～210
度烘烤25～30分鐘，直到表皮呈金黃色，
並且麵包邊緣離模。

迷你愛心佛卡夏

份量 | 8個
模具 | 陶瓷烤皿：
7.5×7.5cm

一人份的佛卡夏，是微餓微饞時剛剛好
的份量，當作小餐包搭配其他料理也非
常適合！

材料 Ingredients

馬鈴薯佛卡夏
高筋麵粉⋯200g
馬鈴薯泥⋯65g
鹽⋯2.5g
橄欖油⋯10g
水⋯125g
酵母粉⋯2g（約是麵粉量的1～2%）
香料⋯適量（新鮮或乾燥都可）

裝飾
橄欖油⋯適量
粗海鹽⋯適量
德式香腸⋯適量（可改用熱狗）

作法 Methods

| 1 佛卡夏麵團

請依照P.28的佛卡夏麵團作法的步驟1～3，完成一次發酵的佛卡夏麵團。
輕拍麵團排氣，把大麵團分切成8個小麵團，每個小烤盤底部加一層薄薄的橄欖油，將麵團放進小烤盤中，整個麵團在油裡滾過一圈，讓外層都沾到油。

| 2 第二次發酵（冷藏發酵）

用手拉伸麵團使其儘量符合烤盤形狀（感覺很像拉口香糖），烤盤密封後置入冰箱冷藏8～12小時。

| 3

將麵團從冰箱取出，一邊等麵團回溫、一邊預熱烤箱，一邊來做麵包表面的裝飾。
將德式香腸靠近圓頭處約4～5cm斜斜的切段，再對半切，拼成愛心的形狀。

| 4 烘烤

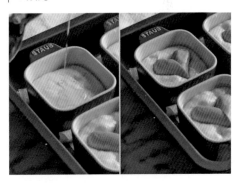

在麵團表面戳幾個小洞，表面若有大氣泡可以弄破，這樣烤出來的表面比較平整，再塗上厚厚的橄欖油，灑上海鹽，放上心型的德式香腸。烤箱預熱到最熱，等麵團回溫（或是麵團又明顯膨脹時）送進烤箱烘烤，以200～210度烘烤20～25分鐘，直到表皮呈金黃色，並且麵包邊緣離模。

迷你香蕉佛卡夏

份量｜8個
模具｜陶瓷烤皿：
7.5×7.5cm

用黃櫛瓜來cos香蕉，感覺莫名的合
適，畢竟同為黃色的條狀物！？

材料 Ingredients

馬鈴薯佛卡夏麵團
高筋麵粉…200g
馬鈴薯泥…65g
鹽…2.5g
橄欖油…10g
水…125g
酵母粉…2g（約是麵粉量的1～2%）
香料…適量（新鮮或乾燥都可）

裝飾
橄欖油…適量
粗海鹽…適量
黃櫛瓜…適量

作 法 Methods ─────

| 1 佛卡夏麵團

請依照P.28的佛卡夏麵團作法的步驟1～
3，完成一次發酵的佛卡夏麵團。
輕拍麵團排氣。把大麵團分切成8個小麵
團，每個小烤盤底部加一層薄薄的橄欖油，
將麵團放進小烤盤中，整個麵團在油裡滾過
一圈，讓外層都沾到油。烤盤密封後，置入
冰箱冷藏8～12小時。

| 2

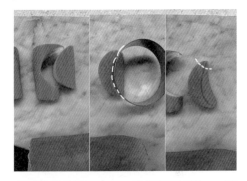

將麵團從冰箱取出，一邊等麵團回溫、一邊
預熱烤箱，一邊來做麵包表面的裝飾。
把黃櫛瓜切成5cm一段，沿直向切半後，再
用圓形餅乾模具切出香蕉的弧度，中間切割
出圓弧的線條，像2根香蕉連在一起，頂端
再橫割一條作出香蕉蒂的感覺。

| 3

先用手指在麵團表面戳幾個小洞，表面若有
大氣泡可以弄破，這樣烤出來的表面比較平
整，再塗上厚厚的橄欖油，灑上海鹽，放上
步驟2的黃櫛瓜。

| 4 烘烤

烤箱預熱到最熱，等麵團回溫（或是麵團又
明顯膨脹時）送進烤箱烘烤，以200～210
度烘烤20～25分鐘，直到表皮呈金黃色，
並且麵包邊緣離模。

專治不吃菜佛卡夏

份量｜1個
模具｜長方形烤模：
20×15cm

家有不愛吃蔬菜的小孩嗎？這款佛卡夏
食譜為你而做！最後在排列整齊的蔬菜
上使出灑乳酪粉的大絕招，保證收服挑
食的孩子！

材料 Ingredients

馬鈴薯佛卡夏麵團

高筋麵粉…100g

馬鈴薯泥…32g

鹽…1g

橄欖油…5g

水…63g

酵母粉…1g（約是麵粉重的1～2%）

香料…適量（新鮮或乾燥都可）

裝飾

橄欖油…適量

粗海鹽…適量

櫛瓜…適量

蘆筍…適量

乳酪粉…適量

作 法 Methods ────────

| 1 佛卡夏麵團

請依照P.28的佛卡夏麵團作法的步驟1～6，完成二次發酵的佛卡夏麵團。

| 2

將麵團從冰箱取出，一邊等麵團回溫、一邊預熱烤箱，一邊來做麵包表面的裝飾。櫛瓜切成0.5cm薄片，蘆筍洗淨切成適當長度。

| 3

用手指在麵團表面戳幾個小洞，若有大氣泡可以弄破，這樣烤出來的表面比較平整。
塗上厚厚的橄欖油，灑上粗海鹽，用櫛瓜片跟蘆筍排出整齊的圖案，最後再次刷上橄欖油。

| 4 烘烤

烤箱預熱到最熱，等麵團回溫（或是麵團又明顯膨脹時）送進烤箱烘烤，以200～210度烘烤25～30分鐘，直到表皮呈金黃色，並且麵包邊緣離模。出爐後再撒上適量海鹽及乳酪粉，佛卡夏就完成囉！

Chapter 4

Cookies

免模具餅乾

新手注意事項

1. 在麵團上劃出格紋時要儘量刻
深一點，因為餅乾烘烤後會膨脹，
刻不夠深會不好看。

2. 烘烤時間需要考慮餅乾壓扁後
的厚薄、冷藏後有無回溫，以及
喜歡的口感軟硬度而增減。

莓你不行

份量｜10個

超可愛的野餐系草莓餅乾！因為使用的是融化奶油，作法非常簡單，一盆到底，也不容易失敗，強烈建議喜歡軟餅乾的新手可以試看看！

材 料 Ingredients

無鹽奶油…60g

白糖…30g

砂糖…30g

蛋…30g（約½個）

香草精…1/2小匙

冷凍乾燥草莓粉…7g

低筋麵粉…53g

杏仁粉…60g（可改用麵粉）

小蘇打粉…¼小匙（可改用泡打粉）

鹽…適量

綠色食用色素…適量

裝飾用奶油霜

白巧克力…30g

無鹽奶油…30g

作法 Methods ————

| 1

草莓粉、麵粉、杏仁粉、小蘇打粉混合一起過篩。

| 2

奶油隔水加熱或微波加熱融化，糖加進液狀奶油中攪拌到糖溶解，再加入蛋、香草精、鹽，攪拌均勻成濃稠狀混合物。

| 3

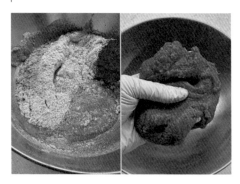

粉類倒入混合物中攪拌均勻。餅乾麵團正確的質地應該濕軟油亮，可以成團卻又不鬆散，用手揉捏可以毫不費力地塑形。

| 4 整形

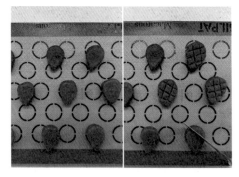

麵團均分成10個小圓球，壓扁、捏成水滴狀後，用刀子在表面劃出橫、豎各3條線，交錯成格紋。

麵團彼此間保持一倍的間隔距離，蓋上保鮮膜密封，放冰箱冷藏30～60分鐘。

Tips：冷藏麵團的目的是為了烘烤時不讓餅乾攤平變的過大過薄；餅乾加熱後會變大，所以麵團之間要保持的距離，太靠近會黏在一起。

| 5 製作奶油霜

白巧克力隔水加熱融化，稍微放涼。
把軟化的奶油置於不銹鋼盆中，打發成乳霜
狀後，分數次加入融化的白巧克力，繼續打
發至均勻，加入綠色食用色素調成想要的綠
色，放冰箱冷藏備用。

| 6 烘烤

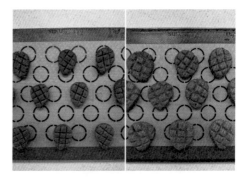

烤箱預熱完成後，餅乾送進烤箱中下層，以
170度烤12～15分鐘。

> Tips：餅乾麵團不回溫也可以直接烤，若有回
> 溫，烘烤時就會攤平得較大，沒有回溫則會維
> 持比較厚的口感。

| 7 裝飾

烘烤完成將烤盤取出，餅乾繼續留在烤盤
上，讓餅乾表面硬化冷卻。
等冷卻後畫上葉子、點上白巧克力，可愛的
草莓菠蘿餅乾就完成啦～

你有corn嗎

份量｜10個

親愛的我把奶油玉米濃湯變餅乾了～雖然材料中沒有玉米，可能是視覺效果引發了味覺錯亂，真的會覺得在吃玉米濃湯！

材 料 Ingredients

無鹽奶油…60g
白糖…30g
三溫糖…30g
蛋…30g（約½個）
香草精…1/2小匙
低筋麵粉…60g
杏仁粉…60g（可改用麵粉）
小蘇打粉…¼小匙（可改用泡打粉）
黃色食用色素…適量
鹽…適量

綠色食用色素…適量

裝飾用奶油霜
白巧克力…30g
無鹽奶油…30g

作法 Methods —————

| 1

麵粉、杏仁粉、小蘇打粉、食用色素粉混合
一起過篩。

| 2

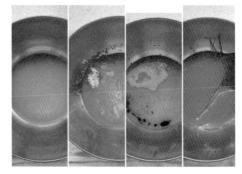

奶油隔水加熱或微波加熱融化,糖加進液狀
奶油中,攪拌到讓糖溶解,再加入蛋、香草
精、鹽,攪拌均勻成濃稠狀混合物。

> Tips:鹽可以比平常稍微多一點,吃起來鹹甜
> 鹹甜的會很像玉米濃湯。

| 3

粉類倒入混合物中攪拌均勻。餅乾麵團正確
的質地應該濕軟油亮,可以成團卻又不鬆
散,用手揉捏可以毫不費力地塑形。

| 4 整形

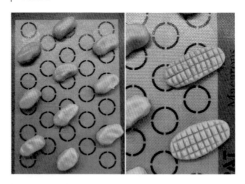

麵團均分成10個小圓球,捏成長橢圓形,
用刀子在表面劃出玉米的格紋。
麵團彼此間保持一倍的間隔距離,蓋上保鮮
膜密封,放冰箱冷藏30～60分鐘。

> Tips:格紋略為長方形比較像玉米粒。
> Tips:冷藏麵團的目的是為了烘烤時不讓餅乾
> 攤平變的過大過薄;餅乾加熱後會變大,所以
> 麵團之間要保持距離,太靠近會黏在一起。

| 5 製作奶油霜

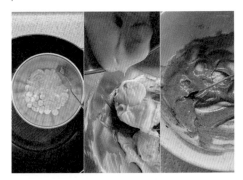

白巧克力隔水加熱融化，稍微放涼。
把軟化的奶油置於不銹鋼盆中，打發成乳霜
狀後，分數次加入融化的白巧克力，繼續打
發至均勻，加入綠色食用色素調成想要的綠
色，放冰箱冷藏備用。

| 6 烘烤

烤箱預熱完成後，餅乾送進烤箱中下層，以
170度烤12～15分鐘。

> Tips：餅乾麵團不回溫也可以直接烤，若有回
> 溫，烘烤時就會攤平得較大，沒有回溫則會維
> 持比較厚的口感。

| 7 裝飾

烘烤完成將烤盤取出，餅乾繼續留在烤盤
上，讓餅乾表面硬化冷卻。等冷卻後畫上玉
米葉，可愛的玉米餅乾就完成啦～

與檸同萌

份量｜10個

> 這是義式的amretti餅乾食譜，杏仁粉跟蛋白是重點，只用4項材料就做出香氣十足的檸檬餅乾，喜歡檸檬的朋友千萬不能錯過。

材料 Ingredients

白糖…100g

檸檬皮…1顆的份量

蛋白…40g（約1個）

杏仁粉…120g

作 法 Methods

1

黃檸檬洗淨擦乾，用削皮刀削下黃色那層薄薄的檸檬皮，注意不要連白色的部分也一起削到，會苦。

2 製作檸檬糖

檸檬皮與糖放進調理機中打成糖粉，如果沒有調理機，就直接用手將檸檬皮與糖互相摩擦。

> Tips：藉由調理機的攪打將檸檬皮香氣混合到糖裡面，糖也會沾上檸檬皮的天然黃。

3

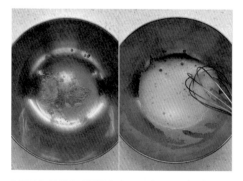

將蛋白放進不鏽鋼盆中，用打蛋器打出小泡泡就好，不用打發。

4

倒進檸檬糖粉，繼續攪拌使糖溶解。

| 5

倒入杏仁粉，一開始會覺得好像無法成團，
但是稍微翻攪幾次就會慢慢變成一個濕黏的
麵團。

| 6 整形

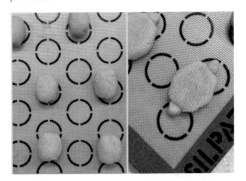

將麵團分成一個20g的小球放在烤盤中，稍
微弄成圓桶狀再壓扁，每個小球旁放上2小
團作檸檬尖端。

> Tips：麵團很黏手，建議戴上手套操作。

| 7 烘烤

烤箱預熱完成後，餅乾送進烤箱中下層，以
170度烤12～15分鐘。出爐後要等餅乾完
全變涼，再用巧克力畫上五官，完成！

DUCK不必軟餅乾

份量：6個

將經典的巧克力豆軟餅乾做成萌小鴨造型，善用棉花糖可以發揮各種有趣造型的創意，大家可以挑戰看看！

材料 Ingredients

無鹽奶油…60g

白糖…30g

三溫糖…20g

蜂蜜…10g

蛋…30g（約½個）

香草精…1/2小匙

低筋麵粉…70g

杏仁粉…60g（可改用麵粉）

小蘇打粉…¼小匙（可改用泡打粉）

水滴黑巧克力豆…適量

棉花糖…6個

裝飾

水滴黑巧克力…適量

mm巧克力…適量

白巧克力醬…適量

作法 Methods

| 1

麵粉、杏仁粉、小蘇打粉混合一起過篩。
奶油隔水加熱或微波加熱融化，糖加進液狀
奶油中，攪拌到糖溶解；加入蜂蜜、香草
精、鹽，攪拌均勻，蛋液再加進來，攪拌均
勻成濃稠狀後，倒入粉類，用切拌的方式攪
拌均勻。

| 2 整形

巧克力豆加入麵團中，拌勻後用冰淇淋匙挖
成一球一球，每球彼此間保持一倍的間隔距
離，蓋上保鮮膜密封，放冰箱冷藏30～60
分鐘。

> Tips：冷藏麵團的目的是為了烘烤時不讓餅乾
> 攤平變的過大過薄。

| 3 烘烤

烤箱預熱完成後，以180度烤8～10分鐘或
直到邊緣微上色為止，取出後快速在表面放
上棉花糖，再次送回烤箱烤2～5分鐘（視
棉花糖融化程度而定）。

> Tips：餅乾麵團若有回溫，烘烤時就會攤平得
> 較大，沒有回溫則會維持比較厚的口感。
> Tips：兩段式烘烤是為了不讓棉花糖因高溫而
> 融化變形太嚴重。

| 4 裝飾

烘烤完成將烤盤取出，趁溫熱放上小鴨的眼
睛跟嘴巴，五官才會黏在棉花糖上。
裝飾完成，餅乾繼續留在烤盤上，讓餅乾表
面冷卻硬化就完成啦～

卡蛙伊餅乾

份量｜8個

想做一款抹茶風味的軟餅乾，但外型上在恐龍與青蛙之間舉棋不定，只好請示估狗大神，結果青蛙的搜尋量數倍得壓倒性勝利，就決定是蛙了，呱！

材料 Ingredients

無鹽奶油…60g

白糖…50g

蜂蜜…10g

蛋…30g（約½個）

香草精…1/2小匙

低筋麵粉…60g

杏仁粉…60g（可改用麵粉）

抹茶粉…10g

小蘇打粉…¼小匙

鹽…適量

裝飾

鈕扣白巧克力…16個

水滴黑巧克力…16個

黑巧克力醬…適量

作 法 Methods ───────

| 1

麵粉、杏仁粉、抹茶粉、小蘇打粉混合一起
過篩。

| 2

奶油隔水加熱或微波加熱融化，糖加進液狀
奶油中，攪拌到糖溶解，再加入蜂蜜、香草
精、鹽，攪拌均勻。蛋液加進來，攪拌均勻
成濃稠狀後，倒入粉類，用切拌的方式攪拌
均勻。

| 3 整形

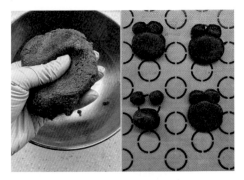

完成的麵團正確質地，應該是濕軟油亮，可
以成團卻又不鬆散，用手揉捏可以毫不費力
地塑形。麵團均分成8球放在烤盤上，彼此
間保持一倍以上的間隔距離。每一球麵團再
分出2小球做眼睛，壓扁麵團，整體蓋上保
鮮膜密封，放冰箱冷藏30～60分鐘。

Tips：冷藏麵團的目的是為了烘烤時不讓餅乾
攤平變的過大過薄。

| 4 烘烤

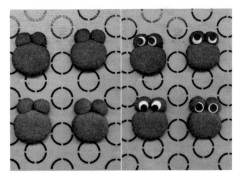

烤箱預熱完成後，以170度烤12分鐘，或
直到邊緣微上色為止。
烘烤完成，趁溫熱放上黑、白巧克力做的眼
睛，餅乾繼續留在烤盤上，讓表面冷卻硬化
後再畫上嘴巴與腮紅，餅乾就完成啦～

Tips：餅乾麵團不回溫也可以直接烤，若有回
溫，烘烤時就會攤平得較大，沒有回溫則會維
持比較厚的口感。

好事花生餅乾

份量 | 10個

香濃的花生醬餅乾是很多人心中的經
典，只要多一個步驟，就能把簡單的餅
乾變成又萌又好吃的花生形狀喔～

材 料 Ingredients

無鹽奶油…30g

skippy花生醬…45g

白糖…15g

三溫糖…15g

蛋…30g（約½個）

香草精…1/2小匙

低筋麵粉…30g

杏仁粉…30g（可改用麵粉）

鹽…適量（如果花生醬已有鹹味就可省略）

裝飾

水滴黑巧克力…適量

白巧克力醬…適量

作 法 Methods ——————

| 1

麵粉、杏仁粉混合一起過篩。奶油放室溫軟
化到按壓有痕跡的程度。

| 2

把軟化的奶油與花生醬置於不銹鋼盆中,先
用刮刀壓扁奶油,再把奶油壓在鋼盆底部來
回摩擦十幾下,稍微打發奶油就好,不需要
用到打蛋器,之後再跟花生醬攪拌均勻。

Tips:花生醬容易結塊,請務必攪拌均勻到完
全乳化。

| 3

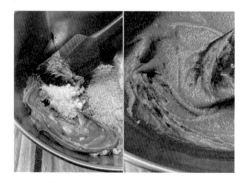

加進白糖、三溫糖、鹽,繼續打發至均勻滑
順狀態。

| 4

倒入蛋液、香草精,攪拌均勻成光滑濃稠狀
混合物。

| 5

粉類倒入混合物中，用切拌方式攪拌均勻，直到看不見粉類為止。餅乾麵團正確的質地應該是有點濕軟油亮，可以成團。

| 6 整形

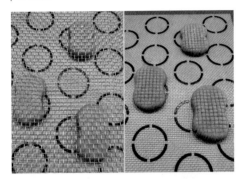

麵團均分成10等分，先搓成橢圓狀，在烤盤中麵團彼此間保持一倍的間隔距離。
麵團中間用手捏出花生的弧度，用篩網在表面壓出紋路，整盤蓋上保鮮膜密封，放冰箱冷藏30～60分鐘。

> Tips：請選孔洞大一點的篩網來壓紋，沒有篩網也可以用刮刀、小刀等來製作格紋。
> Tips：冷藏麵團的目的是為了烘烤時不讓餅乾攤平變的過大過薄。

| 7 烘烤

趁預熱烤箱時，把麵團從冰箱取出回溫，烤箱預熱完成後餅乾送進烤箱中下層，以170～180度烤12～15分鐘。

| 8 裝飾

出烤箱後，餅乾繼續留在烤盤上，讓餅乾表面硬化冷卻再畫上眼睛，可愛的花生餅乾就完成啦～

起司我了餅乾

份量 | 24個

> 外形像起司片的餅乾非常涮嘴，鹹中帶甜的味道讓人忍不住一片接著一片停不下來，鹹蛋黃非常畫龍點睛，喜歡鹹蛋黃的朋友絕對不要錯過～

材料 Ingredients

帕米森起司粉…30g

低筋麵粉…90g

蓬萊米粉…5g

鹹蛋黃…1個

有鹽奶油…50g

砂糖…40g

蛋黃…1個

作法 Methods ─────────

| 1

起司粉、麵粉、蓬萊米粉混合一起過篩。奶
油放室溫軟化到按壓有痕跡的程度。

| 2

鹹蛋黃用力壓進篩網碾碎，目的是讓鹹蛋黃
變細緻、沒有顆粒感。

| 3

軟化的奶油置於不銹鋼盆中，先用刮刀壓扁
奶油，再把奶油壓在鋼盆底部來回摩擦幾下
後，糖分2次加入奶油中，打發至奶油顏色
變淺，整體呈均勻滑順狀態。

| 4

將蛋黃跟鹹蛋黃陸續加進來，攪拌至整體成
均勻滑順的乳霜狀態。分次加入粉類，以切
拌方式攪拌至完全看不見粉類為止。
一開始可能覺得粉類太多吃不進去奶油中，
但一邊切拌、一邊以想要把粉壓進去麵團中
的方式操作，多做幾次就會慢慢成團。

| 5 整形

麵團均分成2等分，放進塑膠袋中，桿平成9×17cm、厚0.5～0.6cm麵片，放進冰箱冷凍15～30分鐘。

Tips：麵團分成2份、分次操作可以避免因動作太慢而使麵團變軟。

| 6

取出麵片，先用圓形器具切割出2個圓形，再分切成6等分。

| 7

在三角形的麵片上壓出幾個小凹槽或小洞，移至烤盤中排好。

| 8 烘烤

烤箱預熱完成後，以170～180度烤12～15分鐘，或直到餅乾上色。
出烤箱後，餅乾繼續留在烤盤上，讓餅乾冷卻硬化即完成。

蒸4蟹啦餅乾

有次去台南阿霞飯店，看到店裡販售螃
蟹形狀的餅乾伴手禮，回來就想著也要
試看看，於是就有了這個不需模具也能
做的螃蟹餅乾食譜，蒸4蟹啦阿霞～

材料 Ingredients

帕米森起司粉…50g
杏仁粉…80g（可改用麵粉）
蓬萊米粉…20g
紅色食用色粉…適量
無鹽奶油…70g
三溫糖…40g（可改用砂糖）
蛋黃…1個

裝飾
鈕扣白巧克力…適量
黑巧克力醬…適量

作法 Methods

| 1

起司粉、杏仁粉、蓬萊米粉、紅色色粉混合一起過篩。奶油放室溫軟化到按壓有痕跡的程度。

軟化的奶油置於不銹鋼盆中，先用刮刀壓扁奶油，再把奶油壓在鋼盆底部來回摩擦幾下後，糖分2次加入奶油中，打發至奶油顏色變淺，整體呈均勻滑順狀態。

| 2

將蛋分2次加入，每加一次後都要攪拌至完全乳化、直到看不見黃色的蛋液為止。分次加入粉類，以切拌方式攪拌至完全看不見粉類為止。

一開始可能覺得粉類太多吃不進去奶油中，但一邊切拌、一邊以想要把粉壓進去麵團中的方式操作，多做幾次就會慢慢成團。

> Tips：如果天氣炎熱，請先把麵團放進冰箱冷藏30分鐘以上，會比較好做造型。

| 3 整形

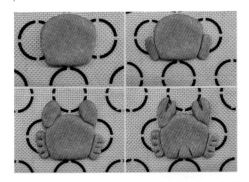

麵團均分成12等分，每個麵團再分出4小球留做蟹腳跟蟹鉗，剩下的部分就是螃蟹身體。蟹腳跟蟹鉗用刮刀或小刀做出造型。

> Tips：天氣炎熱可分2次進行，沒做的那一半先放進冰箱冷藏，以免麵團出油影響口感。

| 4 烘烤

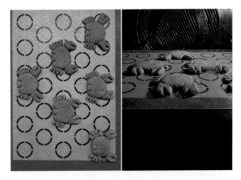

烤箱預熱完成，以170～180度烤12～15分鐘，或直到餅乾邊緣上色。出烤箱後，放上眼睛，讓餅乾冷卻硬化即完成。

> Tips：如果喜歡更鹹一點，可用有鹽奶油取代一半、甚至全部的無鹽奶油。

鑽爆糖霜餅乾

為了配合糖霜有調低餅乾的甜度，特別
選用糖粉就能做的簡單食譜，也增加檸
檬汁減低齁感，吃起來會有點沙沙的感
覺，邊吃還可以邊玩鑽石拼圖喔！

材 料 Ingredients ————

低筋麵粉…65g
杏仁粉…35g（可改用麵粉）
無鹽奶油…45g
三溫糖…25g（可改用砂糖）
蛋黃…1個
鹽…1小搓
香草精…適量

糖霜
糖粉…100g
牛奶…10g（可改用冷開水）
檸檬汁…1小匙
藍色食用色素…適量

作法 Methods ────────

| 1

麵粉、杏仁粉混合一起過篩。奶油放室溫軟
化到按壓有痕跡的程度。

| 2

軟化的奶油置於不銹鋼盆中，先用刮刀壓扁
奶油，再把奶油壓在鋼盆底部來回摩擦幾下
後，糖分2次加入奶油中，打發至奶油顏色
變淺，整體呈均勻滑順狀態。

| 3

將蛋分2次加入，每次加入後都要攪拌至完
全乳化，整體呈均勻滑順的乳霜狀態。

| 4

分次加入粉類，以切拌方式攪拌至完全看不
見粉類為止。
一開始可能覺得粉類太多吃不進去奶油中，
但一邊切拌、一邊以想要把粉壓進去麵團中
的方式操作，多做幾次就會慢慢成團。

| 5 整形

麵團放進塑膠袋中，桿平成14×10cm的麵片（長寬比約7：5），放進冰箱冷凍15～30分鐘。

| 6 切割

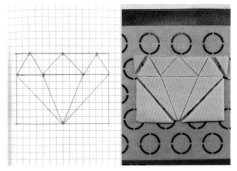

取出麵片放在烤盤上，依紙型切割出不同形狀的餅乾。切割完成後暫時不拆散餅乾，拼接在一起烘烤比較能維持形狀。

Tips：原則上紙型的比例是7：5，餅乾大小可依此比例自由調整。

| 7 烘烤

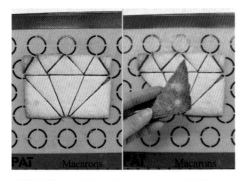

烤箱預熱完成後，以170～180度烤12～15分鐘，或直到餅乾上色。
出爐後，趁溫熱再依切割線切割開餅乾，繼續留在烤盤上，等冷卻硬化再移動。

Tips：拿取餅乾時，小心邊角處易碎。

| 8 調製糖霜

把糖霜的材料一起攪拌均勻，黏稠度是舀起時會像緞帶般掉落。分成2份，其中一份以食用色素調出藍色，中間過渡色調分批加入白色糖霜調整。將糖霜淋上餅乾做出鑽石的折射光澤，靜置12～24小時待糖霜乾燥。

Tips：覺得糖霜太乾可以逐次添加1小匙水來調整。糖霜加檸檬汁的目的是減緩甜膩感，乾燥後的糖霜透明感會降低，顏色更飽和。

詐雞腿餅乾

份量｜8個

炸雞腿就是個美食萬人迷，變成餅乾版也是好吃死了，被詐也心甘情願的那種好吃！

材 料 Ingredients

低筋麵粉⋯45g

杏仁粉⋯30g（可改用麵粉）

無鹽奶油⋯35g

三溫糖⋯20g（可改用砂糖）

蛋黃⋯10g

鹽⋯1小搓

香草精⋯適量

玉米片⋯30g

作法 Methods ————————

| 1

玉米片放進袋中敲碎。

| 2

麵粉、杏仁粉混合一起過篩。奶油放室溫軟化到按壓有痕跡的程度。

| 3

軟化的奶油置於不銹鋼盆中，先用刮刀壓扁奶油，再把奶油壓在鋼盆底部來回摩擦幾下後，糖分2次加入奶油中，打發至奶油顏色變淺，整體呈均勻滑順狀態。

| 4

將蛋分2次加入，每次加入後都要攪拌至完全乳化，整體呈均勻滑順的乳霜狀態。

|5

分次加入粉類，以切拌方式攪拌至完全看不
見粉類為止。
一開始可能覺得粉類太多吃不進去奶油中，
但一邊切拌、一邊以想要把粉壓進去麵團中
的方式操作，多做幾次就會慢慢成團。

|6 整形

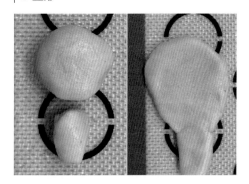

麵團均分成8等分，每等分小麵團再分成一
大一小，做成雞腿的形狀。

|7

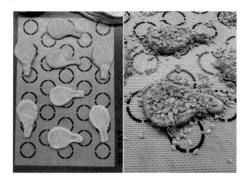

灑上步驟1的玉米碎片，稍微按壓使其緊黏
在餅乾上。

|8 烘烤

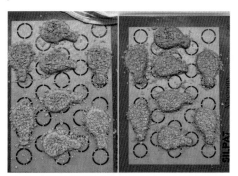

放進預熱過的烤箱，以170～180度烤
12～15分鐘，或直到餅乾上色。

雲朵夾心餅乾

份量 | 6組

吃著甜甜夾心的雲朵餅乾，一顆心也跟
著雲朵在天空飛行～

材 料 Ingredients

低筋麵粉…100g
杏仁粉…50g（可改用麵粉）
無鹽奶油…70g
三溫糖…40g（可改用砂糖）
蛋黃…1個
海鹽…適量
香草精…適量

夾心餡
無鹽奶油…50g
白巧克力…50g
海鹽…適量

作法 Methods ───────

| 1

麵粉、杏仁粉混合一起過篩。奶油放室溫軟化到按壓有痕跡的程度。

| 2

軟化的奶油置於不銹鋼盆中，先用刮刀壓扁奶油，再把奶油壓在鋼盆底部來回摩擦幾下後，糖分2次加入奶油中，打發至奶油顏色變淺，整體呈均勻滑順狀態。

| 3

將蛋分2次加入，每次加入後都要攪拌至完全乳化，整體呈均勻滑順的乳霜狀態。分次加入粉類，以切拌方式攪拌至完全看不見粉類為止。

一開始可能覺得粉類太多吃不進去奶油中，但一邊切拌、一邊以想要把粉壓進去麵團中的方式操作，多做幾次就會慢慢成團。

| 4 整形

麵團均分成2份，分別放進塑膠袋中，桿平成13×17×0.5cm厚度的麵片，放進冰箱冷凍15～30分鐘。

Tips：麵團分成2份、分次操作可以避免動作太慢而使麵團變軟。

5 切割

自冰箱取出麵團，每份麵團用刀切出6片長
方型餅乾，把切好的餅乾小心移動至烤盤
上，再用擠花嘴（或是粗口徑吸管）切割出
雲朵的形狀。

> Tips：切割圓圈時，要彼此重疊也要上下左右
> 稍微錯位，才會有雲朵澎澎的感覺。

6 烘烤

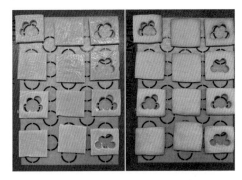

烤箱預熱完成後，以170～180度烤12～
15分鐘，或直到餅乾上色。等完全冷卻後
再移動。

7 製作夾心內餡

先把白巧克力隔水加熱融化，稍微放涼。
把軟化的奶油置於不銹鋼盆中，打發成乳霜
狀後，分兩次加入融化的白巧克力，繼續打
發至均勻。

> Tips：也可以只用白巧克力融化作夾心餡，不
> 加奶油。

8 組合餅乾

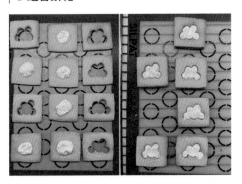

拿一個餅乾在中心擠上白巧克力內餡，再蓋
上有雲朵形狀的餅乾，依喜好畫上可愛五
官，完成！

小怪獸餅乾

雖是大人系的咖啡口味餅乾，卻充滿俏皮的感覺，有著可愛的小怪獸外型，正吐著乾燥草莓作的舌頭～

材 料 Ingredients

杏仁粉…60g

蓬萊米粉…30g

砂糖粉22g

鹽…1小撮

植物油…20g

香草精…適量

即溶濃縮咖啡粉…1～2小匙

熱水…10g

裝飾

防潮糖粉…適量

乾燥草莓片…適量

作法 Methods ————

│ 1

先用10g熱水溶解咖啡粉做成咖啡液，和杏
仁粉、蓬萊米粉、糖粉一起過篩。分數次把
植物油、香草精與咖啡液加入裝有粉類的調
理盆中，直接用手像搓沙子那樣，快速地兩
手搓揉混合液體與粉類，成為鬆散的沙狀。

> Tips：除非咖啡粉研磨得非常細，不然使用前
> 要先用熱水化開。

│ 2

等粉類呈現濕潤的感覺後，用手將麵團壓緊
實，搓成圓條狀，用保鮮膜包好，放進冰箱
冷藏30分鐘。

> Tips：麵團進冰箱冷藏雖是為了比較好操作，
> 但不會變得像冰箱小西餅那樣硬。

│ 3 整形、烘烤

烤箱預熱至170度。烤箱預熱完成前15分
鐘，從冰箱取出麵團，均分成10等分，每
一份搓圓置於烤盤上，用刮刀切出怪獸張開
嘴巴的樣子，送進預熱過的烤箱，以170度
烤15～18分鐘左右。

│ 4 裝飾

出爐後稍微放涼至可以用手拿取的程度，把
雪球餅乾放進裝有糖粉的容器中，趁溫熱均
勻裹上防潮糖粉，放涼後，用芝麻裝飾眼
睛，乾燥草莓片當舌頭，即完成。

> Tips：不好操作可追加植物油，但油的總量不
> 要超過25g，不過酥鬆的程度難免會受影響。

綠眼怪雪球餅乾

份量｜10個

用燕麥粉與杏仁粉做的無麩質餅乾，品嚐時會先吃到微甜的抹茶糖粉，杏仁粉讓這款餅乾增加濃郁的堅果味，最後抹茶香氣慢慢地透出來，呈現完美的酥鬆口感。

材料 Ingredients

即食大燕麥片…60g

杏仁粉…30g

抹茶粉…3〜5g

砂糖…20g

鹽…1小撮

香草精…1〜2滴

植物油…20g

防潮糖粉…適量

抹茶粉…適量

裝飾
市售眼睛糖珠

作法 Methods ────────

1

即食大燕麥片放進調理機中打成燕麥粉。

2

燕麥粉過篩，篩掉粗顆粒備用。

Tips：如果想保留燕麥的口感，可省略過篩的
步驟。

3

燕麥粉、杏仁粉、抹茶粉、砂糖、鹽，放進
食物調理機中混合均勻。

4

香草精、植物油分數次加進調理機中，每加
一次就按4～5下瞬轉鍵，使油脂均勻混入
粉中，整體呈現濕潤狀態。

Tips：如果沒有調理機，請參考P.171步驟
1，把粉類放進不鏽鋼調理盆中攪拌均勻，再
加入油類，直接用手像搓沙子那樣，快速地兩
手搓揉混合植物油與麵粉，成為鬆散的沙狀。

| 5 整形

將麵團取出，倒入鋼盆內，黏在調理機周圍內側的也要刮下，用手將麵團壓緊實後，搓成圓條狀，用保鮮膜包好，放進冰箱冷藏30分鐘。

> Tips：麵團進冰箱冷藏雖是為了比較好操作，但不會變得像冰箱小西餅那樣硬。

| 6 烘烤

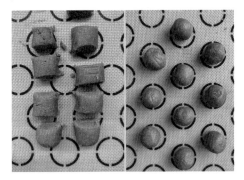

烤箱預熱至170度。烤箱預熱完成前15分鐘，從冰箱取出麵團，均分成10等分，每一份搓圓置於烤盤上，送進預熱過的烤箱，以170度烤15～18分鐘左右。

| 7

出爐後稍微放涼，把雪球餅乾放進裝有防潮糖粉與抹茶粉的容器中，趁溫熱把餅乾均勻裹上。

| 8 裝飾

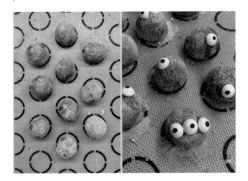

餅乾冷卻後，裝飾用眼睛糖珠用巧克力黏好即完成。

> Tips：不好操作可追加植物油，但油的總量不要超過25g，不過酥鬆的程度難免會受影響。

Chapter 5

Brownie &
Muffin

布 朗 尼 & 馬 芬

新手注意事項

布朗尼：當看到布朗尼表面浮出一層薄薄的脆皮，就代表已經 5、6 分熟，若表面出現開裂甚至膨脹，就接近 8 分熟；請務必依自家的烤箱溫度與個人喜好來調整烘焙時間。

馬芬：①材料中的液體重量約等於麵粉重，不同優格品牌的含水量不同，視情況可以加入 1～2 大匙水來調整麵糊濃稠度，馬芬才會濕潤好吃不乾粗。②材料須恢復室溫後再使用。

好日子巧克力布朗尼

模具｜方形玻璃烤模：
底部13×13cm

我家人對甜點的喜好很不一致，但這款
巧克力布朗尼卻人人都愛。在網路上看
到這個食譜後不斷精修改良至今，作法
超級簡單，也不會很甜，吃了心情會變
好好～

材料 Ingredients

70%調溫巧克力…36g

無鹽奶油…50g

黑糖粉…25g

砂糖…25g

鹽…1小搓

香草精…¼小匙

白蘭地…1小匙

冷蛋…1個

蓬萊米粉…18g（可改用低筋麵粉）

無糖純可可粉…2g

即溶咖啡粉…1小匙

水滴黑巧克力豆…適量

裝飾餅乾
市售的字母餅乾

作法 Methods ——————

| 0 預備動作

巧克力、奶油都切小塊，黑糖粉若有結塊要
過篩或弄散。烤盤放入烘焙紙備用，烤箱預
熱。

> Tips：這個食譜的風味大部分是由巧克力而
> 來，請選用高品質的調溫巧克力。

| 1

拿一個不銹鋼調理盆，放入巧克力和奶油，
隔水加熱使其融化。

| 2

把不銹鋼調理盆從熱水鍋上移走，加入糖到
調理盆中，攪拌直到糖都溶解，此時巧克力
糊應該已變涼、接近室溫。

> Tips：先下糖是想借著溫度加速砂糖顆粒溶
> 解，同時降溫巧克力糊。

| 3

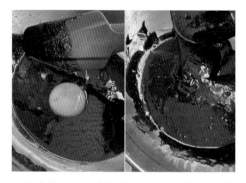

巧克力糊已經是室溫後，加入香草精、白蘭
地、冷蛋，攪拌均勻，直到混合物看起來濃
稠又有光澤。

| 4

將米粉、可可粉與咖啡粉加進來,用刮刀攪拌均勻,放入巧克力豆再稍微拌勻。

Tips:此時可以加入喜歡的配料如堅果、果乾等,讓口感更豐富。

| 5 裝飾

把麵糊倒入烤盤中,抹平表面後放上字母餅乾。

| 6 烘烤

送進預熱過的烤箱中下層,以170度烤20～30分鐘,溫度不要太高,巧克力或餅乾易焦。因為餅乾一放上麵糊後就會開始變軟,完成後請盡快享用。

Tips:如果要有表面的那一層薄脆皮,就不能減糖。

草莓可可布朗尼

模具｜方形玻璃烤模·底部13×13cm

真・草莓果粒不僅讓蛋糕更濕潤，還帶
有酸酸的莓果尾韻，放進巧克力塊一起
烘烤，會形成半融化的外觀與口感。喜
歡草莓加巧克力的捧油一定要試試！

材料 Ingredients ────

無鹽奶油…70g

黑糖粉…40g

砂糖粉…40g

無糖純可可粉…30g

鹽…1小搓

香草精…¼小匙

白蘭地…1大匙

冷蛋…1個

蓬萊米粉…20g（可改用低筋麵粉）

杏仁粉…15g（可改用低筋麵粉）

草莓…10～12個

巧克力塊…適量

作法 Methods ―――――――

| 1

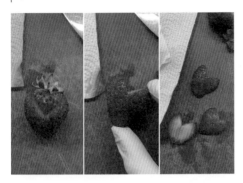

草莓依V字形切掉蒂頭，變成心形後再切成片，部分草莓切成小丁狀，用廚房紙巾把草莓稍微擦乾。

| 2

拿一個不銹鋼調理盆，放入無鹽奶油、黑糖粉、砂糖粉、無糖純可可粉和鹽，隔水加熱融化奶油，攪拌一下讓糖溶解。

稍微放涼等可可糊接近室溫後，加入香草精、白蘭地，再加入冷蛋，攪拌均勻直到混合物看起來濃稠又有光澤。

Tips：先下糖是想借著溫度加速砂糖顆粒溶解，同時降溫可可糊。

| 3

粉類加入後先攪拌至看不見粉類，再攪拌40～50下，最後放入草莓丁，稍微拌一下就好，不然草莓會破掉。

| 4 烘烤

把麵糊放入烤盤中，稍微抹平，表面放上心型的草莓片，送進預熱過的烤箱，以170度烤20～30分鐘，或是用牙籤插進布朗尼中央拿出有點沾、插進邊邊幾乎不沾即可。

Tips：如果想讓草莓烘烤後保持鮮豔的顏色，也不想變形太嚴重，就要控制烘烤時間在30分鐘以內。

焦糖蘋果布朗尼

模具 | 方形玻璃烤模：
底部13×13cm

足足用了3顆蘋果的布朗尼，不僅有奶
油焦糖熬煮的蘋果丁，上面還排滿了新
鮮蘋果片，清新酸甜的蘋果汁液被濃縮
進巧克力麵糊裡，真的很美味！

材料 Ingredients

焦糖蘋果丁
無鹽奶油…20g
砂糖…20g
蘋果…1個

布朗尼麵糊
無鹽奶油…70g
黑糖粉…30g
砂糖粉…30g
無糖純可可粉…30g

鹽…1小撮
香草精…¼小匙
白蘭地…1小匙
蘋果汁…1大匙
冷蛋…1個
蓬萊米粉…20g（可改用低筋麵粉）
杏仁粉…15g（可改用低筋麵粉）
蘋果切片…1～2個
水滴黑巧克力豆…適量

作法 Methods ————————

1

製作焦糖蘋果丁：蘋果削皮切小丁，拿一個小鍋放進奶油跟糖，攪拌至糖融化後，放進蘋果丁，煮到蘋果軟化且湯汁收乾。

切蘋果片：蘋果洗淨不削皮，用刀子切成0.3cm的薄片，浸泡在檸檬水或白醋水裡，15分鐘後取出瀝乾水分並儘量擦乾。

2

拿一個不銹鋼調理盆，放入無鹽奶油、黑糖粉、砂糖粉、無糖純可可粉和鹽，隔水加熱融化奶油，攪拌一下讓糖也融化。

稍微放涼，變成微溫後，加入香草精、白蘭地、蘋果汁，再加入冷蛋，攪拌均勻直到混合物看起來濃稠又有光澤。

> Tips：先下糖是想借著溫度加速砂糖顆粒溶解，同時降溫可可糊。

3

粉類加入後先攪拌至看不見粉類，再用力攪拌40～50下，最後放入蘋果丁跟巧克力豆。

> Tips：此時可以加入喜歡的配料如堅果、果乾等，讓口感更豐富。

4 烘烤

把麵糊放入烤盤中，稍微抹平，表面放上蘋果薄片，排成喜歡的樣子，送進預熱過的烤箱以170～180度烤25～30分鐘，或是用牙籤插進布朗尼中央拿出有點沾、插進邊邊幾乎不沾即可。

蘋果馬芬

用優格做的馬芬，配上蘋果造型的白巧克力奶油霜，可愛又好吃！

材料 Ingredients

A材料

杏仁粉…85g（可改用低筋麵粉）

蓬萊米粉…35g（可改用低筋麵粉）

無鋁泡打粉…1/2茶匙

小蘇打粉…1/4茶匙

鹽…1小撮

B材料

砂糖粉…60g

植物油…60g

無糖優格…120g

蛋…1個

水…1～2大匙

作法 Methods

1

烤箱預熱。拿一個大碗，放進A材料混合拌勻，另一個碗打勻B材料中的蛋，再拌入糖、植物油、優格，攪拌均勻。

將B材料拌入A材料中，拌勻，直到看不到粉類，成為有流動性的麵糊為止。

Tips：糖放在B材料中是為讓糖溶解。B材料加入A材料是為了把濕料倒入乾料中，攪拌時比較不會飛粉。

2 烘烤

把麵糊放入烤模內，麵糊加到3/4滿，送進烤箱，以180～190度烤15～16分鐘，直至蛋糕表面凸起上色，或是用牙籤插進馬芬蛋糕裡面拿出不沾即可，中途視情況將烤盤轉向。

3 製作白巧克力奶油霜

等待蛋糕冷卻的時間，先把白巧克力隔水加熱融化，稍微放涼，接著把軟化的奶油置於不銹鋼盆中，打發成乳霜狀後分次加入融化的白巧克力，繼續打發至均勻，取一半奶油霜調成蘋果紅色。

4 裝飾

將蛋糕表面切平，依蘋果的形狀擠上奶油霜後，倒扣在烘焙紙上放進冰箱，等奶油霜變硬後再移出冰箱，蛋糕翻回正面，把紙撕開，就會得到平整的蘋果圖案囉！

Tips：擠好的奶油霜一定要等冷藏變硬才把紙撕掉或移動。

荷包蛋馬芬

模具｜6連蛋糕模具：
底部直徑5cm

馬芬是個簡單快速又百吃不膩的小點
心，荷包蛋的可愛造型更讓人眼睛一
亮，捨不得下口～

材料 Ingredients ——————

A材料
低筋麵粉…120g
紅茶茶包…1包
無鋁泡打粉…1/2茶匙
小蘇打粉…1/4茶匙
鹽…1小撮

B材料
三溫糖…60g（可改用砂糖）

植物油…60g
無糖優格…60g
牛奶…60g
蛋…1個

裝飾
棉花糖…適量
芒果…適量

作法 Methods ——————

| 1 備料

烤箱預熱。撕開紅茶茶包,與其他A材料一起放進碗中,混合拌勻備用;另一個碗先放進B材料中的蛋,打勻後,再加入糖、植物油、優格,攪拌均勻。

將B材料拌入A材料中,拌勻,直到看不到粉類,成為有流動性的麵糊為止。

> Tips:糖放在B材料中是為讓糖溶解。B材料加入A材料是為了把濕料倒入乾料中,攪拌時比較不會飛粉。

| 2 烘烤

麵糊倒入烤模內,加到3/4滿送進烤箱,以180~190度烤15~16分鐘,直至蛋糕表面凸起上色,或是用牙籤插進馬芬蛋糕裡面拿出不沾即可,中途視情況將烤盤轉向。

| 3 製作荷包蛋

趁烤蛋糕的時候來剪棉花糖,每個剪成4、5片,緊密排列在蛋糕表面。芒果用挖球器挖成半球狀。

| 4 裝飾

出爐後趁餘溫把棉花糖固定在蛋糕上,送回烤箱再烤1~2分鐘直到棉花糖融化。用叉子調整棉花糖變成荷包蛋的形狀,放上芒果做的蛋黃,可愛的荷包蛋馬芬就完成啦～

> Tips:馬芬要先烤到接近全熟再從烤箱取出,放上棉花糖再回烤一下,記得不要烤焦。

獨享特濃可可馬芬

模具 | 6連蛋糕模具，
底部直徑5cm

周末難得獨處的早晨，嗜甜的念頭來得
太快就像龍捲風，這時只要使用廚房裡
現有的材料，輕鬆喇一喇，烤個15分
鐘，香噴噴熱騰騰的馬芬蛋糕就出爐
啦！

材料 Ingredients

A材料

低筋麵粉…20g

無糖可可粉…2g

無鋁泡打粉…1/4茶匙

鹽…1小搓

B材料

三溫糖…10g

植物油…8g

無糖豆漿…20g（可改用牛奶）

蛋…10g

作法 Methods

|1

烤箱預熱，烤模放進烘焙用小紙杯備用。
拿一個大碗，放進A材料混合拌勻；再拿另
一個碗，把B材料中的蛋打勻，拌入植物
油、優格、糖。

|2

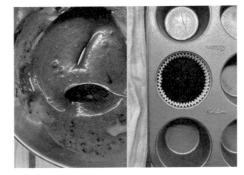

將B材料拌入A材料中，拌勻、直到看不到
粉類，成為有流動性的麵糊為止。把麵糊放
入烤模內。

|3 烘烤

送進烤箱，以180～190度烤15～16分
鐘，直至蛋糕表面凸起上色，或是用牙籤插
進馬芬蛋糕裡面拿出不沾即可。

|4 裝飾

蛋糕烤好後，用小刀在蛋糕左右二側各劃一
刀（像八字），各放進半個巧克力餅乾，再
拿一個原味小圓餅當嘴部，2個鈕扣白巧克
力當眼睛，最後點上黑巧克力作眼珠，原
味小圓餅畫上鼻子，紅色M&M當舌頭，完
成！

Chapter 6

Cheesecake&No-Bake Dessert

起 司 蛋 糕 &
免 烤 甜 點

新手注意事項

1. 過濾乳酪糊是為了濾掉未攪散的乳酪塊,使乳酪蛋糕口感更細緻。

2. 烤溫不必太高,用比較低的溫度慢烤,才能避免溫度變化太劇烈造成蛋糕表面開裂,請務必依自家的烤箱溫度與個人喜好來調整烘焙時間。

3. 重乳酪蛋糕主要是用冷藏來定型,最好放進冰箱冷藏 12 小時以上再切塊。

4. 有吉利丁的食譜請務必等牛奶液放涼(不超過 40℃)才加入吉利丁,否則會無法固化。

白雲朵朵濃起司蛋糕

模具｜長方形玻璃烤
模：18×12×4cm

經典口味的重乳酪蛋糕追求的就是又
香又濃的起司味，因為起司比例接近
60%，液體含量低，最怕烤完表面開
裂，這裡只要跟著做就可以得到表面光
滑的重乳酪蛋糕喔！

材料 Ingredients

餅乾底
消化餅…80g
奶油…30g

重乳酪蛋糕
塊狀奶油乳酪（cream cheese）…225g
糖粉…50g
蛋…1個
無糖優格…35g
檸檬汁…2大匙
蓬萊米粉…1大匙（可改用低筋麵粉）
藍色色素粉…適量

作法 Methods ─────────

| 1 製作餅乾底

備料：烤箱以170度預熱，塊狀奶油乳酪放室溫軟化、奶油隔水加熱融化。
消化餅用食物處理機打碎或放進塑膠袋中用桿麵棍敲碎，加入融化的奶油，混合均勻後倒進烤模中鋪平，再拿一個平底的容器把餅乾酥用力壓緊備用。

| 2

軟化的奶油乳酪放入不銹鋼調理盆，攪拌均勻後，加入糖粉，繼續攪拌至均勻滑順、無結塊狀態。

| 3

蛋打散成蛋液，分次加至奶油乳酪糊中，每次加入都要仔細混合均勻。

| 4

加入檸檬汁與優格，繼續混合均勻，再加進米粉，大動作切拌至看不見粉類材料就好。

| 5 麵糊調色

把麵糊用粗目濾網過濾後，先取2～3大匙
白色麵糊放進擠花袋中，剩下的加入藍色色
素調色。

| 6

藍色麵糊倒進烤模中置於餅乾層之上，在桌
上輕敲幾下，再用牙籤或叉子在麵糊裡來回
劃幾下排出氣泡。用白色麵糊擠出雲朵形
狀，每朵雲是由5小點麵糊組成。

| 7 烘烤

烤箱預熱完成後，將烤模放進備有熱水的
大烤盤中，以160～170度烘烤20～25分
鐘。

Tips：所有的食材，除了蛋以外幾乎都是熟的
可以直接吃，粉類也只用1大匙，所以烘烤只
在於把雞蛋烤到安全可食用的程度。

| 8

烘烤時間一到，關掉烤箱停止加熱，但不要
馬上從烤箱取出，停留在烤箱內多悶1小時
後再把蛋糕拿出來。
等蛋糕完全冷卻，連同烤模用保鮮膜密封
後，直接送入冰箱冷藏12小時以上。

南瓜拿鐵乳酪蛋糕

模具｜6連蛋糕模；
底部直徑5cm

外表還是南瓜造型的拿鐵蛋糕，不論是
不是萬聖節，只要是聚會，這種迷你造
型的小乳酪蛋糕都很適合喔！

材 料 Ingredients

巧克力餅乾…80g

奶油…30g

乳酪麵糊
塊狀奶油乳酪（cream cheese）…200g

三溫糖…40g

蛋…1個

希臘式優格…30g

鮮奶油…50g

即溶濃縮咖啡粉…2小匙

熱水…1大匙

香草精…適量

作 法 Methods ────────

| 1 製作餅乾底

備料：烤箱以170度預熱。塊狀奶油乳酪放室溫軟化，奶油隔水加熱融化。咖啡粉加入熱水化開。

巧克力餅乾放進塑膠袋中用桿麵棍敲碎，加入融化的奶油，混合均勻後倒進烤模中鋪平，再拿一個平底的容器把餅乾酥用力壓緊備用。

| 2

請依P.196～197白雲朵朵濃起司蛋糕的步驟2～6製作拿鐵乳酪糊，但在步驟4中加入咖啡液。

乳酪糊過濾後倒入烤模中。

| 3 烘烤

烤箱預熱完成後，將烤模放進備有熱水的大烤盤中，以160～170度烘烤15分鐘。

烘烤時間一到先停止加熱，在烤箱內多悶1小時。等蛋糕完全冷卻，連同烤模用保鮮膜密封後，直接送入冰箱冷藏12小時以上。

Tips：所有的食材，除了蛋以外幾乎都是熟的可以直接吃，粉類也只用1大匙，所以烘烤只在於把雞蛋烤到安全可食用的程度。

| 4 裝飾

乳酪蛋糕脫模，用刀具在蛋糕表面刻畫出2條弧線，插上杏仁果作南瓜梗，巧克力醬畫出五官，完成！

檸檬蜂蜜生乳酪蛋糕（免烤）

模具｜圓形模具：
直徑18cm

免烤箱的生乳酪蛋糕是相當適合新手的
甜點，靠著吉利丁的特性很容易做出美
味的多層次口感，再利用生活上的小道
具如氣泡紙，就能創造視覺上的驚豔～

材料 Ingredients

餅乾底
消化餅…80g
奶油…30g

生乳酪蛋糕
吉利丁粉…7g
冷開水…25g
塊狀奶油乳酪（cream cheese）…200g
糖粉…50g
無糖優格…100g
鮮奶油…200g
檸檬汁…15g

檸檬果凍
吉利丁粉…6g
冷開水…170g
蜂蜜…15g
檸檬汁…15g

氣泡紙

作 法 Methods ─────────

│1 製作餅乾底

備料：氣泡紙洗淨擦乾。塊狀奶油乳酪放室溫軟化，餅乾底的奶油隔水加熱融化。

消化餅放進塑膠袋中用桿麵棍敲碎，加入融化的奶油，混合均勻後倒進烤模中鋪平，再拿一個平底的容器把餅乾酥用力壓緊，放入冰箱冷藏備用。

│2

吉利丁粉加入25g冷開水，攪拌均勻靜置5分鐘等膨脹膠化，再隔水加熱或是微波加熱，使吉利丁成為透明流動狀。

│3

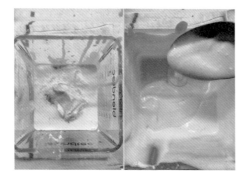

把步驟2的吉利丁加上生乳酪蛋糕的其他材料，全部放進調理機中攪打均勻。

Tips：如果沒有調理機，請參考P.205的小鴨生乳酪蛋糕步驟1～3，以手動攪拌方式製作。

│4

麵糊用粗目濾網過濾後，倒進烤模中置於餅乾層之上。

| 5 冷藏凝固

烤模在桌上敲幾下，用牙籤或叉子在麵糊裡
來回劃幾下排出氣泡。
麵糊表面放上氣泡紙，按壓使其貼緊麵糊，
放入冰箱冷藏4小時以上至固化。

| 6 製作檸檬果凍

同步驟2，吉利丁粉加入25g冷開水以製作
檸檬果凍用的吉利丁，接著把剩下的冷開水
和蜂蜜、檸檬汁放進另一小鍋內，加入吉利
丁，攪拌均勻至吉利丁融化，若有氣泡要撈
除。

| 7

自冰箱取出蛋糕，輕輕拿掉上面的氣泡紙，
倒進檸檬果凍液，放入冰箱冷藏4小時以上
至固化。

小鴨生乳酪蛋糕（免烤）

模具 | 長方形磅蛋糕模：
長17×寬8×高6cm

只要用隨處可買的牛奶糖，就能作出口
感像慕斯一樣輕盈的生乳酪蛋糕！這款
大人味的焦糖海鹽蛋糕，切片後就可以
直接開吃，可愛的造型讓人捨不得下
嘴～

材料 Ingredients

餅乾底
消化餅⋯80g
奶油⋯30g

生乳酪蛋糕
吉利丁粉⋯7g
冷開水⋯25g
塊狀奶油乳酪（cream cheese）⋯
200g

森永牛奶糖⋯60g
牛奶⋯150g
鮮奶油⋯150g
香草精⋯1小匙
海鹽⋯適量

作法 Methods

| 1 製作餅乾底

消化餅放進塑膠袋中用桿麵棍敲碎，加入融化的奶油，混合均勻後倒進烤模中鋪平，再拿一個平底的容器把餅乾酥用力壓緊，放入冰箱冷藏備用。

吉利丁粉加入冷開水，攪拌均勻靜置5分鐘等膨脹膠化，再隔水加熱或是微波加熱，使吉利丁成為透明流動狀。

| 2

取一小鍋，加入牛奶、鮮奶油、牛奶糖與海鹽，小火煮至牛奶糖完全融化，變成焦糖牛奶液，放涼，加入香草精及吉利丁，攪拌均勻。

> Tips：煮牛奶糖時要不停的攪拌，以免糖果黏在鍋底，融化不完全。

| 3

軟化的奶油乳酪放入不銹鋼調理盆，攪拌至均勻滑順、無結塊的狀態，加入焦糖牛奶液攪拌均勻，用粗目濾網過濾乳酪糊，倒進烤模中置於餅乾層之上，烤模在桌上敲幾下，再用牙籤或叉子在麵糊裡來回劃幾下排出氣泡，放入冰箱冷藏4小時以上至固化。

> Tips：此時若鹽味不夠或不夠甜還能調整。

| 4 烘烤

食用前用兩手拿著烘焙紙將蛋糕由模具中輕輕取出。切蛋糕前，刀子先泡熱水再用紙巾擦乾，快速下刀，每切一次就要擦乾淨刀面，然後再次泡熱水，就可得到乾淨切面的蛋糕，最後加上喜歡的可愛造型就完成了！

月見富士奶酪

這個奶酪的鮮奶油比例只有不到1/4，
吃起來完全不油膩卻又保持滑嫩的口
感，討喜的溫柔淡藍色配上黃色的白玉
團子，一秒帶你到日本攻頂富士山！

材料 Ingredients

白玉糰子
白玉粉…30g
絹豆腐…30g
黃色食用色素…適量

奶酪
鮮奶油…100g
牛奶…350g
白糖…35g（約為總奶液重量的8%）

吉利丁粉…12g（約為總奶液重量的2.5～
3%）
冷開水…36g
香草精…適量
藍色食用色素…適量

作 法 Methods ────────

| 1 製作白玉糰子

白玉糰子的材料混合均勻，用手黏成糰，若覺得粉糰太乾可以補點水，直到粉糰柔軟不黏手的程度。均分成6個小球，搓圓。

| 2

煮一鍋水，水滾後放進白玉丸子，煮到浮起後再多煮1分鐘，撈起放進冷水。
吉利丁粉加入冷開水，攪拌均勻靜置5分鐘等膨脹膠化，再隔著溫水加熱或是微波加熱，使吉利丁成為透明流動狀。

| 3

鮮奶油、牛奶、糖放進鍋中，加熱讓糖溶化即可（不需煮沸），靜置一下讓牛奶液放涼至室溫。
步驟2的吉利丁加進放涼的牛奶液，攪拌均勻後分成2份，其中1份加入藍色食用色素。

Tips：鮮奶油的比例可以增加，鮮奶油越少做出來的奶酪越清爽，越多則越濃郁。

| 4 冷藏凝固

白色牛奶液先加入布丁杯中，放進冰箱冷藏15～30分鐘，藍色牛奶液放在室溫中。確定白色表面已經固化後，倒入藍色牛奶液，再度放入冰箱冷藏至固化。脫模時，從冰箱取出後用熱水泡一下模型外面，奶酪最外圍就會稍微化開，一倒扣就很好脫模囉～

粉紅奶酪

充滿粉紅泡泡的奶酪，口感又軟又嫩，
還會ㄉㄨㄞㄉㄨㄞ的，只要三種材料就
能做，非常簡單還能幫你秒get曖昧對
象的好感度，還不快學起來！

材料 Ingredients

草莓口味優酪乳…200g
吉利丁片…6g
鮮奶…50g
冷開水…適量

作 法 Methods ————

| 1

優酪乳和鮮奶小火加熱或微波加熱至35
度，備用。

> Tips：加熱的目的僅為讓優酪乳與鮮奶快速回
> 復室溫，所以溫度千萬不能太高，否則等下加
> 入吉利丁無法固化。

| 2

吉利丁片泡在冷開水裡，水量需蓋過吉利
丁片，約5～10分鐘徹底軟化，擠乾水分備
用。

| 3 冷藏凝固

把吉利丁片放進步驟1，攪拌至吉利丁融化
後，將液體倒入布丁模型中，放進冰箱冷藏
等待固化。

| 4

上桌時將奶酪脫模至盤中，把草莓切小丁，
在奶酪中間排出愛心的形狀，一份簡單又好
吃的情人節甜點就完成囉！

海豹糰子剉冰

白白胖胖的可愛海豹，配上藍色果凍與
牛奶做成一碗剉冰，這顏色組合也太消
暑了吧～

材 料 Ingredients

海豹糰子麻糬

白玉粉…30g

水…20g

煉乳…15g

藍色果凍

吉利丁片…5g（約液體重量的3%）

冷開水…適量

椰子水…150g

藍色梔子花色素…適量

作法 Methods ─────────

| 1 製作白玉糰子

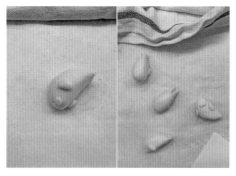

白玉糰子的材料混合均勻，用手黏成糰，若覺得太乾可以補點水，直到粉糰柔軟不黏手的程度。均分成4份，做成魚雷狀，臉部放上2個小球，身體左右放2個小水滴當手。煮一鍋水，水滾後放進白玉糰子，煮到浮起後再多煮1～2分鐘，撈起放進冷水，畫上五官備用。

| 2

吉利丁片泡在冷開水裡，水量需蓋過吉利丁片，約5～10分鐘徹底軟化，擠乾水分備用。

| 3 冷藏凝固

椰子水小火加熱或微波加熱至35度，加入藍色梔子花色素色粉調色，放進步驟2，攪拌至融化後，將液體倒入模型中，放進冰箱冷藏等待固化。

Tips：加熱椰子水的目的僅為使其快速回復室溫，所以溫度千萬不能太高，否則等下加入吉利丁無法固化。

| 4 組裝

裝一些剉冰至碗中，放上果凍再疊上白玉糰子，視喜好加入牛奶或煉乳，完成！

Tips：做果凍的液體可選用任何喜歡的材料，如雪碧，只要是透明無色的再調色即可。

Chapter 7

Snacks

鹹 食 小 點

草莓飯糰

每當野餐的時候，帶著這個草莓飯糰總
是會得到眾人的讚賞。飯糰裡面的配料
除了起司片，也可以換成自己喜歡的食
材喔！

材 料 Ingredients

煮熟的白飯⋯200g

番茄醬⋯適量

甜菜根粉⋯適量

白芝麻⋯適量

切達起司片⋯4片

作 法 Methods ————————

| 1 白飯染色

白飯加入番茄醬與甜菜根粉,攪拌均勻,做成想要的顏色,均分成3～4份。

| 2 整形

取一小團飯在手掌上鋪平,放入起司後,再蓋上一層飯,先捏緊成三角形,最後調整成草莓的形狀。

| 3 裝飾

最後放上白芝麻與葉子做裝飾。

香蕉壽司

沒想到黃色的切達起司cos香蕉皮，效果超讚！用醬油在起司片上畫出棕斑，刀子輕輕切割，就變成可以剝皮的香蕉飯糰。

材 料 Ingredients

煮熟的白飯…200g

壽司醋…適量

切達起司片…4～5片

醬油…適量

作 法 Methods ───────

| 1

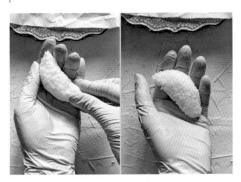

白飯趁溫熱加入壽司醋拌勻，均分成4～5份，捏成香蕉彎曲的形狀。

| 2

將起司片蓋在白飯上，送入烤箱或是微波加熱，讓起司變軟，再用手讓起司緊緊包覆、黏住整個飯糰。

> Tips：加熱的目的僅是使起司變軟以便造型，千萬不要加熱過度讓起司融化喔!

| 3 裝飾

用醬油在起司片上畫出棕色紋路，再用刀子輕輕切割，就變成可以剝皮的香蕉飯糰！

漫畫風2D米漢堡

迷你鑄鐵盤：直徑8cm

來自二次元世界的米漢堡，吃了會不會
穿越進漫畫裡呢？（想太多）

材料 Ingredients

煮熟的白飯…140g
漢堡肉排…1片
番茄片…1～2片
切達起司片…1～2片
生菜…適量
醬油…適量
麻油…適量

作 法 Methods ────────

| 1

白飯加入少許醬油與麻油拌勻，均分成2份，依模具大小捏成圓餅狀，煎一下幫助定型（也可不煎），切半備用。

| 2

漢堡肉排煎熟，切半備用。

| 3

先把一半的米餅放進圓形模具中，由下往上依序放入生菜、漢堡肉排、起司片、番茄片，最後再放另一半米餅（隨時可調整米飯的厚度大小），可愛的漫畫風米漢堡就完成囉！

Tips：也可以不用模具，直接在餐盤中排出漢堡的形狀，只是要用竹籤固定。

爆漿起司小雞薯餅

只用少少幾項食材做的薯泥餅，不只簡單好做，包了起司還會爆漿，配上超萌的小雞造型，這一盤上桌保證孩子搶著吃～

材料 Ingredients

馬鈴薯泥…200g
蓬萊米粉…30g（可改用太白粉）
無鹽奶油…10g
鹽…少許

內餡
莫芝瑞拉起司片…2片

作 法 Methods ————————

| 1

馬鈴薯切塊、蒸熟，趁熱搗碎後再加入米
粉、奶油、鹽，繼續搗成泥並攪拌均勻（有
一點顆粒也沒關係）。

| 2

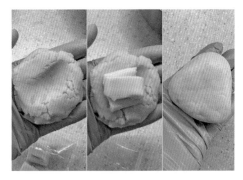

取25克薯泥，稍微壓出中間一個凹槽，放
進半片起司片，再蓋上另一層25克的薯泥
包好，做成三角飯糰的形狀。

> Tips：一定要仔仔細細的把起司包在薯泥裡不
> 能露出，不然等下油炸時會爆漿。

| 3

起油鍋，等油溫到180度左右，以半煎炸的
方式炸成金黃色。起鍋後，用海苔做成眼
睛，玉米粒做成小鳥嘴，番茄醬畫雞冠，可
愛的小雞薯泥餅就完成啦。

聖誕奇雞薯餅

你見過烤雞形狀的薯餅嗎？把這個食譜學起來，下次聖誕節可以用薯餅cos烤雞！

材 料 Ingredients

馬鈴薯泥…200g

蓬萊米粉…30g（可改用太白粉）

無鹽奶油…10g

鹽…5克

五香粉…少許

德式香腸切段…2條

烤肉醬或醬油…適量

作 法 Methods

| 1

馬鈴薯切塊、蒸熟，趁熱搗碎後加入米粉、
奶油、鹽和五味粉，繼續搗成泥並攪拌均勻
（有一點顆粒也沒關係）。

| 2 整形

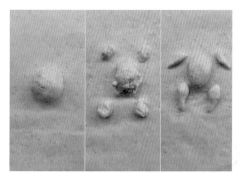

薯泥均成6等分，每份約為40g，每一份再
依重量分成5份，1份28g做雞身，2份4g
做雞腿，2份2g做雞翅。
雞身包進1小段德腸，雞腿捏成棒棒腿形
狀，雞翅的尾端要捏尖。

| 3 組合

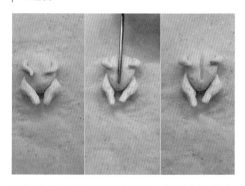

雞翅雞腿合體組成烤雞形狀，最後在雞身中
間稍微壓出一條凹陷，比較像雞胸。

| 4 氣炸

烤雞薯餅刷上醬油，放進氣炸鍋，200度氣
炸10～12分鐘。中途視需要補刷醬油。

Tips：薯餅可以氣炸或是直接油炸，這裡想模
仿烤雞，所以刷上醬油用氣炸。

國家圖書館出版品預行編目(CIP)資料

Claire時尚造型烘焙：零基礎也能輕鬆上手的60
款造型甜點／Claire作. -- 初版. -- 臺北市：臺灣
東販股份有限公司, 2024.06
224面；17×23公分

ISBN 978-626-379-398-9（平裝）

1.CST：點心食譜

427.16　　　　　　　　　　　　　113005759

Claire時尚造型烘焙
零基礎也能輕鬆上手的60款造型甜點

2024年06月01日初版第一刷發行

著　　者　Claire
編　　輯　鄧琪潔
特約設計　Miles
發 行 人　若森稔雄
發 行 所　台灣東販股份有限公司
　　　　　＜地址＞台北市南京東路4段130號2F-1
　　　　　＜電話＞(02)2577-8878
　　　　　＜傳真＞(02)2577-8896
　　　　　＜網址＞http://www.tohan.com.tw
郵撥帳號　1405049-4
法律顧問　蕭雄淋律師
總 經 銷　聯合發行股份有限公司
　　　　　＜電話＞(02)2917-8022